Tropical Fruits - Travel to 100 Different Tastes

열대과일
100가지 맛여행

열대과일
100가지 맛여행

Tropical Fruits - Travel to 100 Different Tastes

김기중 지음

김기중 지음

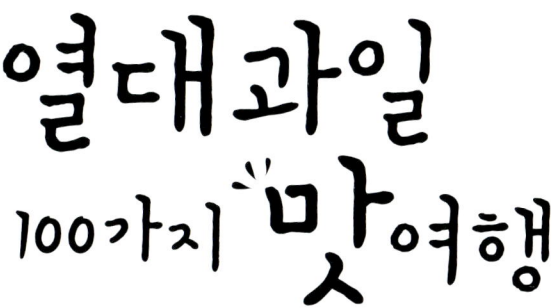

과일박사와 떠나는 달콤새크므한 과일여행

지오북
GEO BOOK

『열대과일 100가지 맛여행』을 펴내면서

세계 여러 나라, 특히 더운 지역을 여행하다 보면 다양한 열대과일들을 접하게 됩니다. 그런데 처음 보는 과일이면 선뜻 맛볼 엄두가 나지 않습니다. 어떤 맛일지 궁금하긴 하지만 속살을 먹는 건지 껍질째 먹는 건지, 껍질은 어떻게 벗겨야 하는지 몰라 포기한 적이 있지 않나요? 방법도 방법이지만 어떤 맛일지 알 수 없어 지레 겁부터 나진 않았나요?

누가 어떤 맛인지 힌트만 줬어도 한번 먹어봤을 텐데 하며 아쉬워한 적도 있을 겁니다. 또 우연히 먹어본 과일 맛에 반해 주변 사람들에게 권하고 싶어도 과일 이름을 몰라 소개하지 못했을 수도 있겠네요. 우리나라에도 많은 열대과일이 수입되고 있지만 우리가 잘 알고 실제로 먹는 것은 그 중 몇몇에 지나지 않습니다. 저 역시 10여 년 전까지만 해도 그랬으니까요.

그동안 오로지 열대과일을 찾아 많은 나라로 떠났습니다. 세계 각지를 여행하면서 오지의 농장을 방문하고, 시장을 다니고, 현지인들을 만났습니다. 여행에서 찾아낸 열대과일들을 맛보고, 연구하고, 사진도 찍으면서 많은 시간을 보냈습니다. 그 결실로, 열대과일에 대한 제법 방대하고도 충실한 내용을 담아 2011년 『열대의 과일자원』을 출판하게 되었습니다. 이러한 과정을 통해 이제는 열대과일에 관한 한 우리나라 최고의 안내자일 거라는 자부심이 생겼습니다. 이 자부심을 바탕으로 어떻게 하면 여러분과 맛있고 재미있는 열대과일 여행을 나눌 수 있을지 고민해왔습니다.

『열대의 과일자원』은 철저한 고증과 탐구를 바탕으로 한 전문서로 2012년 대한민국학술원 우수학술도서로 선정되기도 했습니다. 이번『열대과일 100가지 맛여행』은 전문가가 아닌 일반 독자 누구나 열대과일에 친근하게 다가갈 수 있도록 저의 경험과 느낌을 최대한 살려 집필했습니다. 저처럼 과일을 사랑하는 분들에게 열대과일을 소개할 수 있어 정말 기쁘고 설렙니다. 이 책이 독자들께 좋은 안내자 역할을 해서 앞으로 국내든 해외 어디든 더 많은 과일들을 맛보시길 바랍니다. 또, 이를 계기로 여러분 인생에서 풍요롭고 행복한 즐거움 하나가 더해지길 바랍니다. 바로 저처럼요.

이 책에서 저는 '과일박사'라는 이름을 빌려 종종 등장합니다. 제가 열대의 여러 곳에서 얻은 경험과 정보들이 과일박사를 통해 생생하게 전달되기를 바랍니다. 독자 여러분들도 저처럼 열대과일 맛을 찾아 떠나는 여행 계획을 세워보시기 바랍니다.

이 책의 내용이 독자들께 친숙할 수 있도록 원고를 수정해주신 김혜경, 김보경 님께 감사드리며, 독자의 입장에서 정성을 다해 아름다운 책으로 편집 및 출판해주신 지오북의 황영심 사장과 편집진께 감사드립니다.

2013년 5월
김기중 (고려대학교 생명과학대학 교수)

차례

일러두기

1. 열대 및 아열대 지역에서 볼 수 있는 주요 열대과일 100가지를 선정했다. 과일의 배열은 국명의 가나다순으로 했다.

2. 열대과일의 학명 및 국명은 『열대의 과일자원』(김기중, 2011)을 따랐으며, 이 책에 없는 것들은 학술적인 고증을 통하여 선정하고, 국명이 없는 경우 새로이 명명했다.

3. 과일의 생산지를 한눈에 알아볼 수 있도록 세계지도에 기원지는 초록색으로, 재배지는 붉은색으로 각각 표시했다.

4. 과의 범위는 가장 최근의 APG(피자식물 계통연구 그룹) 시스템을 기준으로 채택했다 (예. 두리안은 아욱과로 처리).

5. 영명(영국 및 미국)과 생산 또는 재배 지역에서 부르는 과일이름을 국가별로 나열했다. 동남아시아 및 인근 국가명은 한 글자로 표기했고, 이외의 국가는 주로 두 글자로 표시했으며, 두 글자로 혼동되는 경우 국가명을 완전한 이름으로 표기했다.

라-라오스	태-태국	볼리-볼리비아
말-말레이시아	필-필리핀	브라-브라질
미-미얀마	뉴-뉴질랜드	스페-스페인
방-방글라데시	호-호주	에콰-에콰도르
베-베트남	과테-과테말라	온두-온두라스
스-스리랑카	그리-그리스	이탈-이탈리아
싱-싱가포르	나이-나이지리아	코스-코스타리카
인-인도네시아	니카-니카라과	콜롬-콜롬비아
일-일본	네덜-네덜란드	파나-파나마
중-중국	멕시-멕시코	포르-포르투갈
캄-캄보디아	베네-베네수엘라	프랑-프랑스

6. 출하시기는 주요 생산국을 위주로 하여 월별로 표시했다.

7. 필자가 직접 맛을 본 경험을 바탕으로 과일박사의 종합적인 맛점수를 1~10점으로 표시했으며, 10점에 가까울수록 추천도가 높은 과일을 의미한다.

8. 먹는 부위 100g당 열량 및 주요 영양성분을 제시했다. 미국 식품의약안전청(FDA)의 자료를 이용했고, 자료가 없는 경우는 분석자료가 있는 논문을 찾아 서술했다.

9. 필자가 직접 촬영한 500여 장의 사진을 수록했으며, 필자가 촬영하지 않은 일부 사진은 출처를 표기했다. 시장에서 판매하는 과일, 나무에 달린 열매, 과일을 가로 및 세로로 자른 단면, 과일을 가공한 제품 등 각 종마다 최소한 4장 이상의 사진으로 구성했다.

이 책을 보는 방법

과일박사의 맛점수

국명　　　영명

모양, 맛, 고르기, 껍질 벗기기, 이용 및 가공

기원지(초록색), 재배지(붉은색)

과일박사의 생생정보　　　다양한 과일사진

학명(과명), 지역명, 기원지, 재배지, 유통시기　　　열량, 영양성분

열대과일
여행을
떠나기 전에···

🍊 열대과일이 뭐지?

기원지 또는 상업적 재배지역이 열대 또는 아열대 지역인 과일작물을 열대과일, 아열대과 일이라고 합니다. 열대지역과 아열대지역이 점진적으로 이어지므로 열대과일과 아열대과 일을 명확하게 구분하기는 어렵습니다.

열대는 보통 적도와 남·북 회기선(남·북위 23도) 사이, 아열대는 남·북위 25~35도 사 이를 의미합니다. 그러나 열대라도 안데스산맥처럼 해발고도가 높은 지역은 열대기후 가 아닙니다. 또 아열대라 할지라도 해안지역과 대양 섬지역의 경우는 열대에 알맞은 생육 여건을 갖습니다. 따라서 열대지역은 연중 온도가 27℃ 정도로 비교적 일정하게 유 지되어 가장 더운 달과 추운 달의 평균온도 차이가 일교차와 크게 다르지 않고, 계절별로 낮의 길이에 큰 차이가 없으며, 가장 긴 낮의 길이가 13시간 이하인 다습한 지역을 의미합 니다. 이에 비해 아열대지역은 여름은 매우 덥고, 겨울은 비교적 추우며, 습도가 열대지역 보다 낮고, 낮의 길이는 위도가 높아짐에 따라 길어집니다.

🍎 자라는 기후에 따라…

기후 조건에 따라 열대과일과 아열대과일을 구분하지만 바나나, 아보카도와 같은 경우 열 대·아열대 지역에서 널리 재배되므로 구분이 뚜렷하지 않습니다. 학자에 따라서는 지중 해성기후에 잘 자라는 과일을 종종 아열대과일에 포함시키기도 합니다.

열대성 과일 : 귤류(일부), 두리안, 랑샛, 망고, 망고스틴, 빵나무류, 사포테류(다수), 산톨, 아노나류(일부), 자바사과, 카카오, 코코넛 등

아열대성 과일 : 구아바, 귤류(다수), 딸기구아바, 리치, 아노나류(일부), 안데스사포테, 용안, 타마린 등

지중해성 과일 : 귤류(일부), 대추, 대추야자, 무화과, 석류, 올리브, 포도 등

열대·아열대과일 종류가 수백 종에 이르지만, 상업적으로 재배되어 시장에서 유통되는 것은 150여 종으로 추정됩니다. 이 중 50여 종이 대량 생산되어 세계적으로 판매되고 있고, 일반인에게 잘 알려져 있습니다. 열대과일은 생산 및 유통량에 따라 주요 과일, 보조 과일 및 야생 과일로 나눌 수 있습니다. 이 중 기원지에서 야생 채취하거나 지역적으로 소규모 재배하는 열대과일을 야생 과일로 구분합니다. 야생 과일은 상업적으로 널리 재배하지는 않지만 보존, 육종, 선발 등의 과정을 거쳐 과일자원으로 개발될 가능성이 높습니다.

코코넛 농장(말레이시아)

주요 열대과일(50여 종)

구아바, 귤류, 두리안, 망고, 망고스틴, 바나나류, 아보카도, 캐슈, 코코넛, 파인애플 등

보조 열대과일(150여 종)

랑샛, 물사과류, 빵나무류, 브라질넛, 사포테류, 산톨, 아노나류, 캐슈, 별과일 등

야생 열대과일(1,000종 이상)

감나무류(다수), 말레이시아포도, 망고스틴류(다수), 버마포도, 선인장류(다수), 야자류(다수) 등

열대과일의 기원은 어디일까?

아시아

| 귤 | 금귤 | 라임 | 오렌지 | 두리안 | 람부탄 |

| 랑샷 | 리치 | 마프랑 | 망고 | 망고스틴 |

| 별과일 | 비늘야자 | 비림비 | 빵나무 | 산톨 | 용안 |

아프리카

| 거버너자두 | 기적의열매 | 대추야자 | 멜론 | 뿔참외 |

| 수박 | 아키이 | 카란다 | 커피 | 타마린 |

열대지방은 아메리카, 아시아, 아프리카, 오세아니아 대륙에 분포합니다. 현재 전 세계 열대지방에 널리 확산되어 재배되는 열대과일이라도 기원지는 특정 지역으로 한정된 것이 많습니다. 이 중 대부분은 열대아시아와 열대아메리카 기원이며, 열대아프리카와 오세아니아에서 기원한 것도 일부 있습니다.

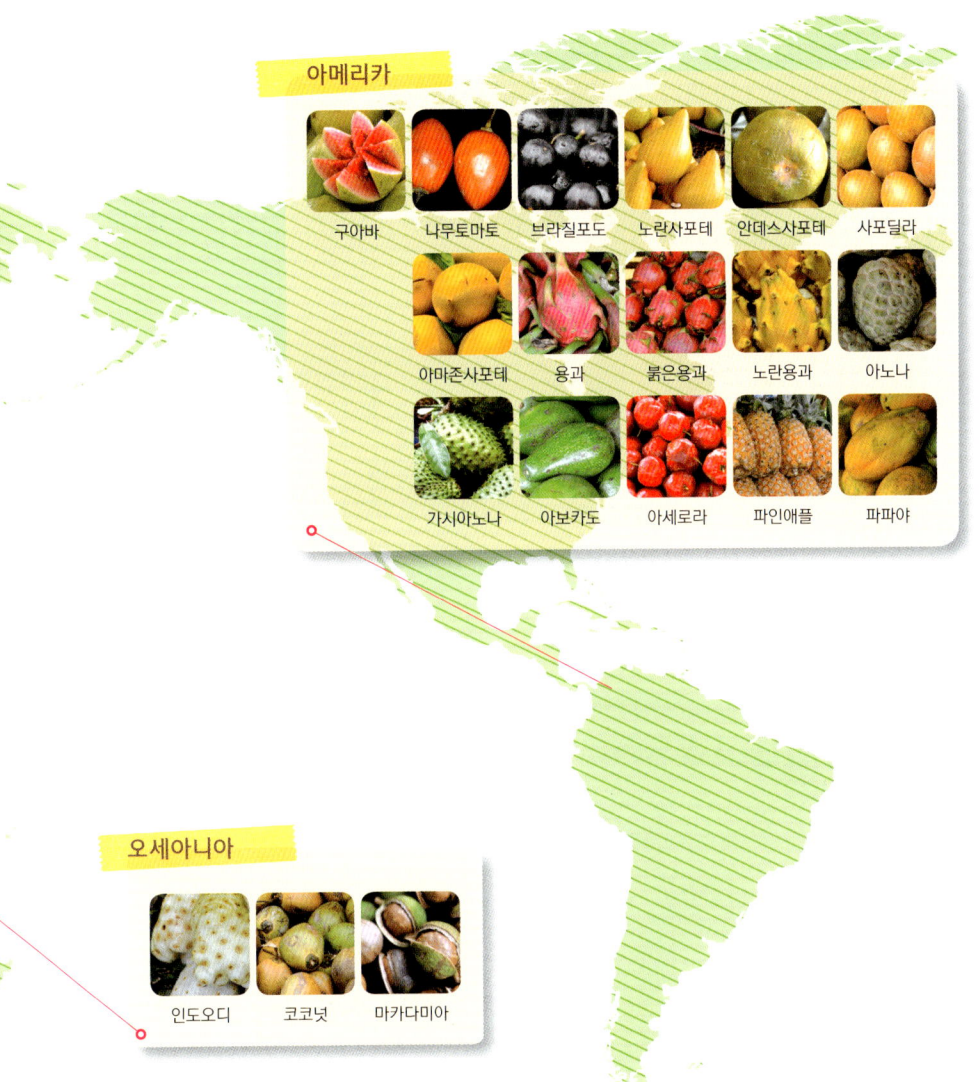

아메리카

| 구아바 | 나무토마토 | 브라질포도 | 노란사포테 | 안데스사포테 | 사포딜라 |

| 아마존사포테 | 용과 | 붉은용과 | 노란용과 | 아노나 |

| 가시아노나 | 아보카도 | 아세로라 | 파인애플 | 파파야 |

오세아니아

| 인도오디 | 코코넛 | 마카다미아 |

🍊열대과일은 어떻게 전 세계로 퍼졌을까?

과일 재배지역이 기원지에서 다른 지역으로 확산된 때는 과거 인류의 이동 및 역사와 관계가 깊습니다.

망고는 인도-미얀마 지역이 원산지이지만 기원전에 이미 동남아시아 전역으로 퍼져 재배되었습니다. 기원전 7세기에는 아랍인들이 노예무역과 함께 동아프리카 지역에 전파시켰습니다.

18세기 망고 목각
(하와이 비숍 박물관 소장)

오렌지는 이슬람 제국 시대에 이슬람에 의하여 아시아에서 지중해와 유럽 남부에 전파되었습니다.

오렌지

바나나는 말레이시아인에 의하여 기원전 9세기에 마다가스카르에 전파되었습니다.

바나나

15세기 잉카 유적지에서 발굴된 과일을 형상화한 토기
(페루 리마 라르코 박물관 소장)

아메리카 대륙 내에서 과일 작물의 전파는 마야, 아즈텍, 잉카 문명의 발달과 연관이 깊습니다. 콜럼버스가 신대륙을 발견하기 이전에, 이미 대부분의 신대륙 열대 과일작물이 중미와 남미 간에 서로 확산되어 재배되고 있었습니다. 콜럼버스가 아메리카 대륙을 발견한 후, 구대륙과 신대륙 간에 과일 작물이 빠르게 교환됐습니다. 콜럼버스의 2차 항해(1493년)를 통해 오렌지 종자가 스페인 카나리섬에서 신대륙으로 이동했고, 바나나가 신대륙의 산토도밍고에 전파됐습니다.

바나나 농장(호주 북부)

　　콜럼버스 이후 많은 탐험가들이 신대륙을 방문하면서 열대 및 아열대 과일 작물도 대륙 간에 활발하게 이동했습니다. 1500~1650년 포르투갈 항해사들은 브라질-아프리카, 희망봉-아시아의 말라카해협을 잇는 항로를 개발했습니다. 이를 통해 열대아시아와 열대아메리카 간 작물이 직접 이동하는 계기를 마련했고, 1565~1815년 스페인함대는 필리핀과 멕시코를 잇는 태평양 항로를 개발하여 중남미와 열대아시아 간의 작물 이동을 가능케 했습니다. 네덜란드, 영국, 프랑스 항해사들 또한 열대과일의 확산에 일익을 담당했습니다.

　　오늘날에는 교통의 발달과 과일작물을 농가 소득작물로 개발하려는 각국의 노력으로 상업적 재배지와 기원지가 다른 경우가 종종 나타납니다. 예를 들면, 중국의 아열대 작물인 참다래가 뉴질랜드로 건너가 키위로 개발되어 세계로 수출되고 있으며, 파인애플 대량 생산지가 하와이나 필리핀에 조성되어 있기도 합니다.

열대과일을 생산하는 나라는 어디일까?

열대과일은 종류가 다양하고, 각 종별로 생산량 및 소비량에 대한 세계적인 통계자료가 정확하지 않습니다. 가장 믿을 수 있는 통계자료는 국제식량농업기구(FAO)의 통계자료로, 주요 열대과일에 국한되어 있지요. 따라서 FAO에서 집계한 아보카도, 바나나, 귤류, 파파야, 망고, 망고스틴, 구아바, 코코넛, 기타 열대과일의 통계자료를 살펴보면 대강 각 국가별 연간 생산량을 알 수 있습니다.

나라가 크고 열대 및 아열대 등 다양한 기후대를 갖는 브라질, 인도, 중국, 미국 등이 비교적 열대과일 생산량이 많답니다. 아시아 열대에서는 인도 및 중국에 더하여 태국, 필리핀, 인도네시아, 말레이시아, 베트남 등의 나라가 열대과일 생산량이 많은 편이지요. 아메리카에서는 이미 언급한 브라질에 더하여 멕시코, 콜롬비아, 코스타리카 등지에서 열대과일 생산량이 많고, 미국의 경우도 플로리다, 캘리포니아, 하와이에서 열대과일이 소규모로 생산됩니다. 아프리카 국가들은 대규모 과일농장의 발달이 빈약하여, 생산량이 아시아나 아메리카의 국가들에 비해 소량이지만 케냐, 나이지리아, 코트디부아르, 마다가스카르 등은 다른 아프리카 국가들에 비해서는 생산량이 많은 편입니다.

용과 농장(태국)

주요 국가별 연간 열대과일 생산량

(단위 천톤)

지역 및 국가	귤류	바나나	망고 망고스틴 구아바	아보 카도	파파야	파인 애플	캐슈넛	커피	코코넛	기타 열대 과일
아시아										
중국	30014	9849	4519	115	181	1551	1	32	324	3109
인도	7464	29780	15188	NA	4180	1415	675	302	11200	4383
태국	1296	1585	3277	NA	272	2593	29	42	1055	3212
인도네시아	1819	5755	2131	224	958	1541	122	634	17500	3279
말레이시아	89	334	75	NA	45	333	15	17	578	100
필리핀	236	9101	801	22	158	2247	133	89	15245	3300
베트남	772	1490	596	NA	NA	533	1272	1178	1189	NA
아메리카										
브라질	22017	6969	1250	153	1854	2318	231	2700	2944	923
미국	10679	8	862	158	13	176	NA	4	NA	NA
멕시코	7140	2103	1827	1107	634	743	4	237	1017	397
콜롬비아	1310	2034	245	202	153	513	NA	468	105	463
코스타리카	207	1937	39	27	61	2269	NA	100	8	NA
아프리카										
나이지리아	3500	NA	795	NA	705	920	813	3	215	NA
코트디부아르	45	318	46	31	11	60	453	103	154	50
케냐	247	1583	637	202	18	371	21	36	88	36
마다가스카르	103	315	301	26	NA	80	7	53	81	234
세계총생산량	128922	106452	38900	4434	11839	21582	4201	8284	59190	22047

(2011년 국제식량농업기구 자료를 집계한 자료임) *NA : 자료 없음

열대과일 주요 생산국

중국: 하이난섬과 본토의 남부지역(광둥성, 광시성, 윈난성)은 열대-아열대 지역으로 용안, 리치, 귤류, 코코넛, 바나나 등의 열대과일이 많이 생산됩니다. 생산량은 비교적 많은 편이지만 인구가 많은 관계로 주로 내수로 소비되지요. 여기에 부가하여 완전한 열대지방에서 자라는 두리안, 망고스틴, 망고, 큰귤 등을 베트남과 태국에서 상당량 수입합니다.

인도: 망고, 구아바, 바나나, 파인애플, 무화과, 캐슈넛, 수박, 멜론 등 다양한 과일이 생산됩니다. 남부 가트지역은 완전한 열대지역으로 큰빵나무, 무화과, 람부탄, 망고 등의 주 생산기지입니다. 인구가 많기 때문에 인도에서 생산된 열대과일은 대부분 자국에서 소비되며, 수출량은 극히 미미하지요.

태국: 동남아시아에서는 열대농업이 가장 잘 발달된 다양한 열대과일 재배단지가 남부 말레이반도, 동남부 라용 지역, 중부 및 북부에 널리 발달되었습니다. 열대과일의 대명사인 두리안과 망고스틴의 최대 생산국이며 유전적 다양성도 매우 높지요. 이외에 코코넛, 망고, 랑삿, 람부탄, 큰귤, 별과일, 마프랑, 용안, 리치, 용과, 아노나류, 구아바, 바나나, 사과대추 등의 생산량도 많습니다. 중국, 일본, 한국, 기타 국가로 수출을 많이 하는 편입니다.

인도네시아: 자생하는 열대과일의 다양성이 가장 높은 지역으로, 많은 열대과일의 기원지입니다. 발리섬, 수마트라섬, 자바섬, 술라웨시섬 등에 주로 열대과일 농업이 발달하였으나 비교적 소규모 농원이 주를 이루지요. 넓은 면적의 칼리만탄에는 열대과일 농원이 거의 발달하지 않았으며, 대부분 야생 또는 반야생 상태의 채취농업이 주를 이룹니다. 주로 비늘야자, 람부탄, 두리안, 망고스틴, 별과일, 용과류, 물사과류를 재배합니다.

케냐: 바나나, 귤류, 망고, 파파야, 파인애플, 시계초류, 아보카도 등의 주요 열대과일을 대부분 소규모로 생산하며 모두 내수용으로 소비합니다. 차와 커피는 대량재배하며 유럽으로 수출하지요.

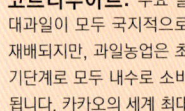

코트디부아르: 주요 열대과일이 모두 국지적으로 재배되지만, 과일농업은 초기단계로 모두 내수로 소비됩니다. 카카오의 세계 최대 생산국가로 생산량의 대부분을 유럽으로 수출합니다.

나이지리아: 적도지역에 인접한 아프리카 최대의 열대과일 생산국가로 귤류, 시계초류, 수박, 멜론, 망고, 파인애플, 바나나, 사포테류, 구아바, 용과 등 다양한 과일이 재배됩니다. 일부 과일들은 유럽시장으로 수출합니다.

마다가스카르: 망고, 코코넛, 바나나, 파파야, 멜론 등 주요 열대과일이 두루 재배되지만, 모두 내수로 소비됩니다. 세계 바닐라 생산량의 80%를 생산한답니다.

베트남: 농업이 잘 발달된 나라이지만 커피를 제외한 열대과일 농업은 주로 내수에 국한됩니다. 베트남은 브라질 다음으로 많은 커피를 생산하는 국가로 수출량은 브라질에 버금갑니다. 우리나라의 경우 대부분의 커피를 베트남에서 수입하지요. 커피 이외의 열대과일로는 바나나, 귤류, 아노나류, 용과류, 멜론류, 구아바 등이 주로 생산됩니다. 남부지역에서는 두리안, 망고스틴, 람부탄 등이 생산되지만, 과일 값이 물가에 비하여 동남아 다른 국가보다 비쌉니다.

미국: 플로리다 남부, 캘리포니아 일부, 하와이 등에서 아보카도, 귤류, 파파야, 캐슈넛, 대추야자, 용과, 피스타치오, 멜론류, 바나나, 파인애플, 석류 등을 대량 재배합니다. 귤, 피스타치오, 석류 등은 공급이 많아 수출을 하지요. 그러나 이외의 열대과일들은 수요량이 모자라 멕시코, 과테말라, 도미니카, 코스타리카 등 인접한 라틴아메리카에서 대량 수입합니다.

필리핀: 다국적 기업에 의한 파인애플, 바나나 등의 대규모 농장이 발달되어 동북아시아 국가로 수출이 많습니다. 특히 남부 다바오 지역을 중심으로 한 민다나오섬은 태풍의 피해가 적어 두리안, 망고스틴, 망고, 람부탄 등의 열대과일 생산량이 많으나 대부분 내수로 소비되지요.

멕시코: 유카탄 반도 및 남부의 치아파스주가 주요 열대과일 원산지로 멕시코사과, 아보카도, 카카오, 아노나류 등의 기원지입니다. 소비지인 미국과 가까운 관계로 파파야, 아보카도, 바나나, 파인애플 등 다양한 열대과일을 대량생산하여 수출한답니다. 현지에서는 사포테류와 선인장류의 뛰어난 맛을 맛볼 수 있지요.

말레이시아: 말레이 반도의 남쪽 조호바루 지역, 북서쪽의 페낭섬 및 랑카위섬 지역, 보르네오섬 북쪽 코타키나발루 등의 지역에서 망고, 두리안, 람부탄, 망고스틴, 물사과류를 주로 생산하며, 대부분 내수용으로 소비됩니다.

브라질: 북부의 아마존에서 남부의 대서양 해안에 이르기까지 열대 및 아열대 기후대가 잘 발달하여 귤류, 브라질포도, 브라질넛, 캐슈넛, 사포테류, 야자류 열매, 시계초류 등 다양한 열대과일이 생산됩니다. 특히 브라질포도, 캐슈사과, 야자류 열매, 사포테류, 시계초류, 파파야 등은 맛이 뛰어나지요. 동양에서 도입하여 재배하는 망고, 람부탄, 리치, 용안 등은 아직 브라질 기후에 잘 적응한 좋은 품종의 개량이 미흡하여 섬유질이 많고 동양 원산지 것에 비하여 맛이 덜합니다. 브라질산 오렌지는 주스로 가공하여 유럽으로 대량 수출한답니다.

코스타리카: 열대 농업이 잘 발달하였으며 바나나, 파인애플, 파파야 등을 미국으로 수출합니다.

콜롬비아: 비교적 많은 다양한 열대과일이 생산되지만 주로 내수용으로 소비됩니다. 커피의 경우, 전 세계로 수출합니다.

인도네시아 수상시장

미국 플로리다 과일가게

베트남 과일행상

브라질 과일가게

🍊 열대과일은 어떻게 유통될까?

주요 열대과일은 이제 외래의 귀한 과일이라기보다는 우리 생활 속에서 친근한 과일로 인식될 만큼 흔히 유통되고 있고, 가격도 비교적 저렴합니다. 귤류, 바나나, 파인애플, 망고, 아보카도, 파파야 등은 열대과일 수출입 품목의 대부분을 차지하며, 구아바, 리치, 망고스틴, 람부탄, 시계초 등도 국제 과일시장에서 점점 흔해지고 있습니다.

이들 열대과일의 주 수입국은 유럽연합, 미국, 일본, 중국, 캐나다, 한국 등 온대지역의 국가들이며, 인도, 말레이시아, 태국, 필리핀, 호주, 남아프리카, 코트디부아르, 브라질, 미국, 페루, 코스타리카, 칠레, 스페인, 이스라엘, 멕시코 등이 열대과일의 주요 수출국입니다. 우리나라 슈퍼마켓에서도 망고, 용과, 두리안, 망고스틴, 람부탄, 리치, 용안등이 판매되고 있고, 주스, 시럽 등의 가공품도 널리 유통되고 있습니다.

인도네시아 슈퍼마켓

태국 과일농장

페루 과일 포장마차

열대의 생과일은 수분함량이 높아서 저장이 용이하지 않습니다. 주로 생산지에서 후숙이 진행되기 전에 수확하여 배(냉장선)로 수송하고, 소비지에서 후숙시켜 유통하거나 생산지에서 냉동시켜 소비지로 보내지므로 이 과정에서 종종 원래의 맛을 잃는 경우가 흔합니다.

유통 과정에서 맛에 영향을 미치는 중요한 점 중 또 다른 하나는 검역입니다. 검역문제로 열대과일의 수입 대상국은 크게 제한되며 검역과정에서 맛 또한 변형될 수 있습니다. 우리나라에 수입되는 망고는 과일 표면에 고온 살균처리를 한 후 수입하므로, 이 과정에서 맛의 변형이 일부 일어날 수 있습니다. 따라서 수입망고는 동남아의 현지에서 자연 숙성하여 유통되는 망고에 비하여 맛이 떨어집니다.

말레이시아 샐러드바

🧡 우리나라에서 열대과일 맛보기

우리 주변의 백화점, 대형마트, 과일시장 및 음식점 등에서도 비교적 다양한 열대과일을 만날 수 있습니다. 여러분도 뷔페나 중국음식점에 갔다가 람부탄, 리치, 용안 등의 열대과일을 경험한 일이 있을 겁니다. 이 열대과일들은 어떻게 유통된 걸까요? 우리나라에서 볼 수 있는 열대과일은 다른 나라에서 수입하는 과일과 우리나라에서 소규모로 재배하여 유통하는 것으로 크게 나눌 수 있습니다. 수입 열대과일은 다시 생과일, 냉동과일, 과일 가공제품 등으로 나눌 수 있지요.

생과일로 수입되는 열대과일에는 바나나, 파인애플, 망고, 귤류(오렌지, 자몽, 스위티, 큰귤, 라임, 레몬 등), 망고스틴, 두리안, 용안, 리치, 람부탄, 석류, 아보카도 등이 있습니다. 특히 바나나의 경우 연간 40만 톤 이상 필리핀에서 수입되는데 감귤, 사과, 배 등 토종 과일을 제치고 국내 과일 소비량 1위를 기록한 것이 벌써 3년 전부터입니다. 파인애플의 경우 필리핀산, 망고는 대만, 태국, 필리핀산, 아열대과일인 키위는 뉴질랜드산, 오렌지는 미국 캘리포니아산, 포도는 칠레산 등이 대량 수입됩니다. 그 밖의 열대과일들은 적은 양이지만 주로 태국과 중국 남부에서 수입된답니다.

냉동과일은 생과일에 비하여 검역 절차가 간단해 다양한 경로로 수입되고 있습니다. 수입되는 냉동 열대과일로는 파인애플, 두리안, 망고, 람부탄, 용안, 리치 등이 있습니다. 껍질을 제거하고 수입하는 경우 바로 주스를 만들거나 식품 제조에 이용할 수 있지요. 가공제품인 농축 주스, 통조림, 건조 과일 등이 수입되기도 합니다. 이에 더하여 브라질넛, 캐슈, 피스타치오 등 열대산을 포함한 견과류도 연간 5만 톤 이상 수입되고 있습니다.

열대과일을 직접 갈아서 판매하는 주스가게

익숙한 열대과일, 파인애플

두리안

레몬과 라임

망에 담겨있는 태국산 망고스틴

애플망고

우리나라에 수입된 열대과일들

그러나 수입과일은 충분히 후숙되지 않은 상태로 들어옵니다. 후숙 전의 것을 수확하여 검역을 위한 살균처리를 하고, 수입 후 풋과일을 후숙 처리하는 경우가 많기 때문에 맛은 산지에서 후숙한 과일보다 못하지요. 하지만 과일에 따라서는 나름대로 열대의 풍미가 제대로 나기도 합니다.

국내에서 생산되는 열대과일은 종류나 양이 극히 적습니다. 엄밀히 이야기하면 아열대과일이 대부분이지만, 우리나라 기후가 점차 아열대화되고 비닐하우스 재배가 대중화되면서 점진적으로 종류와 양이 증가하는 추세입니다. 수박과 멜론 종류는 거의 전국적으로 재배되지요. 귤류의 경우 귤, 한라봉, 유자, 금귤 등이 제주도, 전라남도, 경상남도 등지에서 상업적으로 재배됩니다. 무화과(전남 영암), 석류(전남 고흥), 키위(전남 및 경남) 등도 상업적으로 재배됩니다. 용과(제주), 망고(제주), 파파야(전남), 커피(제주), 시계초(제주) 등도 소량이긴 하지만 재배되고 있답니다.

앞으로 아열대과일 중 다수가 국내에 도입되어 재배가 시도될 것입니다. 이 중 몇 가지는 우리나라에서 비닐하우스 재배가 가능하고 생산 단가도 비교적 낮아 상업적으로 성공할 수 있는 작물이 발굴될 것으로 기대합니다.

무화과(전남 영암)

귤(제주)

시계초(제주)

망고(제주)

키위(전남 구례)

석류(전남 완도)

우리나라에서 재배되는 아열대과일들

🍊 열대과일의 놀라운 영양 가치

열대과일은 비교적 열량이 낮지만(아보카도, 바나나, 캐슈넛 등은 예외), 다양한 비타민과 무기염류를 함유하고 있습니다. 특히 열대지역의 원주민들에게는 오랜 기간 동안 식품으로 중요한 역할을 했고, 지금도 열대 및 아열대 개발도상국들에서 식품으로 중요한 위치를 차지합니다. 열대과일의 균형 잡힌 영양소는 특히 활동량이 많은 사람들에게 좋은 영양분 공급원이 됩니다. 영양학자들은 하루에 최소 100g 이상의 다양한 과일을 먹도록 권장합니다. 특히, 비만이 문제시 되는 현대인의 식생활에서 과일의 중요성은 더욱 강조되고 있습니다.

출출할 때

생과일인데도 푹 삶은 단호박이나 고구마 맛이 나요. 한 끼 식사는 든든히 해결됩니다.

노란사포테

안데스사포테

다이어트 중일 때

열량 때문에 과일을 주저하는 분들도 용과류는 안심하고 드셔도 됩니다.

용과

붉은용과

운동 뒤에

과즙이 많아 운동 뒤에 먹으면 시원한 청량감을 줍니다.

자바사과

바나나시계초

피부가 걱정일 때

항산화물질이 많이 들어 있어 피부노화 예방에 탁월한 효과가 있습니다.

토마토

아세로라

열대과일은 카로틴(비타민A 전구체) 함량이 높고(특히 망고, 파파야 등), 비타민C 함량도 높지만(특히 오렌지, 구아바 등), 견과 종류를 제외하고는 비타민B군(티아민, 리보플라빈, 니아신 등)은 별로 없습니다. 견과 종류는 비타민B 및 E군, 단백질, 지방의 좋은 공급원입니다. 대부분의 열대 및 아열대 과일에는 펙틴, 섬유질, 셀룰로오스 등이 많이 함유되어 있어 장운동을 원활하게 하고, 항산화물질이 풍부하여 세포노화의 방지 및 성인병의 예방에 기여합니다. 그뿐만 아니라 다양한 유기산을 다량 함유하고 있어 식욕을 돋우고 소화를 돕습니다.

변비가 있을 때

식이섬유가 많이 들어 있어 배변활동을 도와줍니다.

타마린

고기 먹은 뒤

파인애플에는 '브로멜린', 파파야에는 '파파인'이라는 단백질 분해효소가 들어 있어 소화에 도움이 됩니다.

파파야

파인애플

피곤할 때

비타민C가 풍부하게 들어 있어 피로회복에 아주 좋아요.

오렌지　　　큰귤

입맛이 없을 때

매마등은 식욕을 돋구는 전식으로 이용되고, 라임은 요리에 쓰여 음식을 더욱 맛있게 해줍니다.

매마등

라임

😊 열대과일의 다양한 변신

과일은 주로 생으로 먹습니다. 그러나 열대과일은 과일 샐러드, 주스, 각종 요리에 다양하게 이용됩니다. 열대과일을 재료로 한 요리책들이 많이 나와 있기도 합니다.

열대과일을 이용하여 쉽게는 잼, 젤리, 주스, 소스, 아이스크림, 셔벗, 처트니 등의 후식을 만들 수 있고, 캐슈넛, 마카다미아 등은 가공과정(볶거나 통조림 등)을 거쳐 유통합니다. 또한 과일을 건조, 동결건조하거나(망고, 파인애플, 바나나, 두리안, 리치, 용안 등), 반죽으로 만들기도 하고(두리안, 구아바), 말린 과일을 가루로 만들어(두리안, 바나나, 망고) 상품화합니다. 이를 이용해서 빵, 치즈, 과자, 쿠키를 만들기도 합니다.

열대과일을 이용한 요리 레시피

로젤 주스   말린 타마린 제품

말린 열대과일을 파는 가게(태국)

파파야로 만든 샐러드

시장에서 파는 절인 망고

페루꽈리 제품

인도오디 차

두리안 웨하스와 페이스트

두리안 팬케이크 반죽

동결건조한 두리안

구아바 주스

말린 파인애플 조각과 큰귤 껍질

마카다미아 제품

리치와 용안 통조림

아키이 통조림

피스타치오 제품

과일박사가 뽑은 열대과일 베스트 10

누구나 경험을 바탕으로 사과, 배, 수박, 참외 등을 고르지만 실망할 때도 있고 잘 샀다고 생각할 때도 있을 겁니다. 같은 나무에 열린 사과도 위쪽에 달린 열매와 아래쪽에 달린 열매의 맛이 다를 수 있으니 과일을 겉만 보고 고르는 건 쉬운 일이 아닙니다. 이처럼 우리나라에서 생산되어 유통되는 과일을 보면 재배품종, 생산지역, 생산시기, 저장방법, 유통시기 등 여러 요인에 따라 맛이 다르듯 열대과일도 마찬가지입니다. 제가 경험하기로도 품종과 지역에 따라 두리안의 맛이 크게 달랐습니다. 태국의 한 지역에서 생산된 두리안 '몬통' 품종의 경우, 저장방법과 후숙 정도에 따라 전혀 다른 맛이 났습니다.

그렇지만 각 열대과일이 갖고 있는 고유한 맛을 기본으로 가장 맛있는 열대과일 10가지를 뽑아 봤습니다. 물론 저의 주관적인 평가이기는 하지만 전 세계의 수많은 열대과일을 먹어본 전문가 입장에서 순위를 매긴 것이니 믿고 맛보시기 바랍니다.

1위

브라질포도 맛점수 9.2~9.8

포도와 비슷하게 생겼지만 맛은 완전히 다르죠. 신맛이 약하게 섞인 강렬한 달콤함, 브라질에 가면 꼭 맛보세요.

2위

두리안 맛점수 8.0~9.8

달콤하고 부드러운 맛이 일품입니다. 처음 먹어보는 사람은 얼굴을 찌푸리게 하는 독특한 향이 있지만 일단 맛을 보고 나면 홀딱 반하게 된답니다.

3위

브라질체리 맛점수 9.4

양버찌와 비슷한 맛이 나지만 독특한 청향이 있어 한국인의 입맛에도 잘 맞아요.

망고스틴 맛점수 9.2~9.5

단맛과 신맛이 잘 어우러져 상큼한 맛이 납니다. 과즙이 많아 오래 씹지 않아도 꿀떡꿀떡 잘도 넘어가지요.

4위

5위

노란사포테 맛점수 8.8~9.4

생과일인데 찐 단호박 맛이 난답니다. 찌거나 굽지 않았는데 이런 풍미가 나는 게 신기하기만 합니다.

6위

단시계초 맛점수 9.0~9.2

달면서 상큼한 맛이 미각을 돋군답니다. 과일즙도 풍부하고, 단맛 이외에 약간 시면서 은은한 풍미가 느껴집니다.

7위

망고 맛점수 7.6~9.0

품종에 따라 당도와 향이 조금씩 다릅니다. 과일즙을 줄줄 흘리다가 옷을 버리기도 한답니다.

8위

거버너자두 맛점수 9.0

포도와 버찌를 합친 맛 같습니다. 강한 단맛과 신맛이 어우려져 환상적인 상큼한 맛을 느낄 수 있습니다.

9위

10위

말레이시아포도 맛점수 8.8

독특한 파인애플 향이 나면서 신맛, 단맛이 모두 강해 과일 보약을 먹는 기분이랍니다. 후숙이 될수록 신맛이 줄어들어 더욱 맛있어집니다.

딸기구아바 맛점수 8.6~8.8

과즙이 많고, 약간의 신맛과 강한 단맛이 어우러져 상쾌한 청량감이 느껴집니다. 구아바보다 작지만 맛은 아주 훌륭합니다.

열대과일 200% 즐기는 생생 팁

1. 과일은 역시 제철과일

바나나, 망고, 파파야처럼 연중 생산 및 유통되는 과일도 있지만 과일마다 지역마다 수확시기가 따로 있답니다. 제철이 아니면 구경도 할 수 없는 과일이 있는가 하면, 오랜 기간 저장해두었다가 시장에 내놓아 맛과 향이 떨어지는 과일도 있으니 어떤 과일의 어느 시기가 제철인지 미리 알아두는 게 좋아요. 물론 제철과일이 값도 훨씬 저렴하죠.

품평회에 나온 다양한 망고 품종

2. 품종 따라 지역 따라 다른 맛

같은 종류의 과일이라도 품종에 따라, 지역에 따라 맛이 다릅니다. 맛있다는 소문 듣고 먹었는데 영 아니었다고 섣부르게 실망하진 마세요. 여러 지역의 여러 품종을 다양하게 시도해본 뒤, 내 입맛에 맞는 종류를 찾는 것도 또 다른 즐거움이니까요.

잘 익은 두리안 고르기

3. 잘 익은 과일을 골라야

잘 익은 과일이 맛도 좋겠죠? 특히 후숙이 잘 된 과일이어야 합니다. 해외에서 과일을 샀다가 돌아올 때까지 후숙이 되지 않아 버리거나 호텔에 두고 와야 하는 경우가 생길 수도 있거든요. 색과 향으로 익은 정도를 알 수 있지만, 두리안의 경우 긴 막대로 두들겨 나는 울림소리로 판단하기도 합니다.

4. 껍질을 벗길 줄 알아야

일단 과일을 먹으려면 껍질째 먹는지 알맹이만 먹는지 알아야겠죠? 또 껍질을 어떻게 벗기는지 알아야 버리는 것 없이 맛있게 먹을 수 있을 겁니다. 망고스틴처럼, 잘못하다간 껍질의 떫은맛이 알맹이에 묻는 수도 있으니까요.

5. 먹기 좋게 손질해서 알맹이만

껍질이 두껍거나 너무 큰 과일, 겉에 가시나 털이 많은 과일은 통째로 사는 것보다는 껍질을 벗겨 먹기 좋게 다듬어놓은 것을 사는 것이 낫습니다. 값이 조금 비싸다는 흠이 있지만 그만한 값어치를 할 때가 더 많으니까요.

껍질을 벗겨 포장한 큰귤

6. 과일여행의 필수 아이템, 숟가락

과일을 먹을 때 칼보다 숟가락이 유용할 때가 많습니다. 아노나처럼 속이 부드러운 과일은 껍질째 들고 먹기가 참 불편하거든요. 이때 숟가락으로 속을 파먹으면 남김 없이 우아하게 먹을 수 있답니다. 과일여행 떠날 땐 칼과 함께 숟가락 하나 꼭 챙겨가세요.

7. 과일도 열량이 높을 수 있어

과일이 다이어트에 좋다고 무조건 많이 먹는 건 절대 금물입니다. 아보카도나 두리안처럼 열량이 높은 과일도 있으니 몸매를 걱정한다면 주의해야 합니다. 코코넛은 열량뿐만 아니라 콜레스테롤 함량도 높아 고혈압인 사람은 많이 먹으면 안되고요.

코코넛 아이스크림

8. 민감한 사람은 알레르기 조심

복숭아나 땅콩처럼 열대과일 중에도 알레르기를 유발하는 과일이 있습니다. 옻나무에 알레르기가 있는 사람은 옻나무과 식물인 망고, 스폰디아, 피스타치오 등을 특히 조심해야 합니다. 혹시 해외에서 곤란한 상황이 생길 수 있으니 처음 접하는 열대과일이라면 확인한 후 먹는 것이 좋겠네요.

9. 마법 같은 소금의 효과

신맛이 강해서 먹기 어려운 과일은 소금을 살짝 찍어서 먹어보세요. 신기하게도 소금이 신맛은 줄여주고 단맛은 더욱 풍성하게 해줍니다. 동남아 시장에서는 손질한 과일을 소금과 함께 포장해서 팔기도 한답니다.

망고와 함께 포장된 소금

10. 생과일은 국내로 들여올 수 없어

해외여행 중에 먹다 남은 과일, 후숙이 덜 된 과일은 버려야 해요. 생과일은 식물방역법에 따라 국내로 가져오는 것이 금지되어 있거든요. 전 세계 대부분의 나라들도 마찬가지입니다. 잘 익은 과일을 먹을 만큼만 알뜰하게 사도록 하세요. 아니면 말리거나 가공한 제품을 사는 것도 열대과일을 즐기는 또 하나의 방법이 될 수 있습니다.

열대과일
100가지 여정

1 입에서 살살 녹는
가시아노나 Soursop

학명
Annona muricata L.
(아노나과)

지역명
영사워솝(soursop),
스구아나바나, 인도무노라,
포르그라비올, 캄티이프바랑,
인실삭/낭카베란다,
라칸타롯트/키에프태트,
말듀리안베란다/듀리안마끼,
미듀리안아우자, 필구야바노,
태튜리안타크/리안남,
베망카우지엠

재배지
서인도제도, 멕시코 남부,
페루, 아르헨티나 북부,
열대아시아

유통시기
북반구 열대 및 아열대 지역
3~6월/9~11월, 남반구
4~11월, 하와이 1~4월/6~8월

모양 가시아노나는 아노나보다 크기가 크고 겉에 가시 같은 돌기가 있는 게 특징이에요. 모양도 원형이라기보다 심장 모양에 가까워요. 아노나가 약 300g 정도인데 가시아노나는 평균 1kg 정도이니 확실하게 구별되죠. 가시돌기 때문에 '작은 두리안'이라 부르는 곳도 있지만 두리안보다는 크기가 작아요. 두리안 가시는 다이아몬드 형태로 밑이 넓고 끝이 뾰족한데, 가시아노나의 가시는 더 작고 섬세하게 뾰족하지요. 다 익어도 열매는 녹색입니다.

맛 속을 먹어 보면 주로 단맛이 나고 신맛도 좀 납니다. 오디 맛에 크림 같은 식감이라 마치 아이스크림에 달콤한 향과 약간의 신맛을 가미한 맛이라 표현하고 싶네요.

고르기 약간 노란빛이 돌 때 나무에서 따서 약 2~3일 두면 후숙이 되어 먹기에 가장 좋습니다. 손으로 눌렀을 때 약간 들어가는 느낌이 있고, 달콤한 향기가 나면서 짙은 녹색에 약간의 노란색이 보이는 것을 고르면 됩니다. 색이 거무스름하게 변해가거나 곰팡이가 끼어 있는 것은 오래된 것이어서 무르고 맛도 없습니다.

껍질 벗기기 크기가 커서 칼로 잘라야 합니다. 세로로 잘라 보면 가운데 축을 이루는 부분과 흰 속살이 보이고 중간 중간에 까맣고 광택이 나는 씨가 들어 있지요.

이용 및 가공 가시아노나는 가공해서 주스, 잼, 셔벗, 아이스크림으로 만들어 먹습니다. 발효시켜 와인으로 먹기도 하지요.

▲ 시장에서 파는 열매(필리핀)

▲ 열매 세로단면

▲ 나무에 달린 열매

열량(100g당) ＊ 61.3kcal

영양성분(100g당) ＊ 탄수화물
14.6g, 지방 0.4g, 단백질 0.7g,
식이섬유 1.0g, 재 0.6g, 물 82.8g

감나무 Persimmon

학명
Diospyros kaki Thunb.
(감나무과)

지역명
영퍼시먼(persimmon),
남마카퀴

기원지
중국 남부의 아열대, 온대의
경계지역

재배지
아프리카, 아메리카,
아시아의 열대 및 아열대
지역, 우리나라, 일본, 중국
등 온대지역

유통시기
북반구 온대 및 아열대 지역
8~11월, 남반구 열대 및
아열대 지역 12~4월

맛 감은 다양한 품종이 개발되었는데, 주로 '단감 품종군'과 '쓴감(떫은맛) 품종군'으로 나뉩니다. 감의 떫은맛은 복합적인 타닌류 때문입니다. 열매 발달과정에서 타닌세포 액포에 타닌이 쌓이기 때문입니다. 원래 쓴감 품종군은 야생형입니다. 단감 품종군은 발달하는 씨에서 분비하는 에탄올과 아세트알데하이드가 타닌세포의 타닌을 응축시켜 불활성화하면서 쓴맛이 없어지기 때문에 떫지 않습니다. 즉 대사적인 측면에서 단감류는 떫은감류에서 타닌이 제거되어 만들어진 것이며, 야생에서는 볼 수 없고 재배하는 품종뿐이랍니다. 열대지방에서 재배하여 시장에서 유통되는 감은 우리나라의 감과는 달리 표면 색깔이 더 붉고 더 먹음직해 보이지만, 먹어보면 당도는 떨어져서 단맛이 약하고 푸석푸석한 질감이 강합니다. 과일은 역시 원산지에서 오랫동안 재배하여 그 기후에 순화된 것이 최고랍니다. 우리나라에서 가을의 온도변화를 거치면서 홍시가 된 감 맛을 느껴본 여러분이야말로 그 맛을 알 수 있을 거예요. 열대지방에서 생산되는 감은 우리나라 감보다 색깔은 훨씬 화려하지만 우리나라에서 먹었던 감 맛을 느끼려 한다면 실망할 수도 있음을 미리 알려드립니다.

이용 및 가공 생과일은 비타민A, 인 등이 풍부하고 당도가 12~16% 정도로 적절한 열량을 제공해 몸에 좋아요. 냉동과일로 유통하기도 하고, 건조시켜 곶감을 만들어 보관하거나 판매하기도 합니다. 발효시켜 감식초로 이용하거나 쿠키, 케이크, 파이, 푸딩, 셔벗 등의 다양한 요리로 재탄생하는 등 감의 변신은 무한하답니다.

감의 변신, 단감쌀죽

1. 쌀을 잘 씻어 불리고, 쌀뜨물은 따로 둔다.
2. 불린 쌀(½컵)을 절구에 굵게 빻는다.
3. 껍질을 벗긴 단감(2개) 과육을 쌀뜨물(2컵)과 함께 믹서에 갈고, 면포에 밭쳐 단감물만 받는다.
4. 냄비에 쌀 빻은 것과 단감물을 부어가면서 끓인다. 주걱으로 저어가며 물(3컵)을 다시 부어 뭉근하게 만든다.
5. 죽이 완성되면 계핏가루와 소금을 넣어 간을 맞춘다.

▲ 시장에서 파는 열매(베트남)

▲ 단감 품종(베트남)

▲ 시장에서 파는 열매(브라질)

▶ 씨 없는 열매 가로단면

열량(100g당) ＊49kcal

영양성분(100g당) ＊탄수화물 12.6g,
지방 0.3g, 단백질 0.6g, 식이섬유 1.6g,
재 0.4g, 물 79.5~83.1g

3 독특한 풀 향의 풍미
거버너자두 Governor's Plum

과일박사의 맛점수
9.0

학명
Flacourtia indica (Burm. f.)
Merr. (버드나무과)

지역명
영거버너자두(governor's
plum)/바토코플럼(batoko
plum), 아프리카코코위,
프랑푸루니에-데-
마다가스카르, 독일에크테
프라콜티, 스우구레사,
미나유와이, 태타코파,
말켈쿱케칠, 필비톤골/보롱/
파루탄, 중치리무(刺籬木)

기원지
아프리카 사하라 사막 이남의
열대 및 아열대 지역

재배지
아프리카, 동남아시아, 인도,
중국 남부, 중남미

유통시기
인도·동남아시아 3~7월,
아프리카 12~7월, 중미 6~9월

모양 아프리카의 지역시장에서 종종 거래되고, 동남아시아의 지역시장에서도 종종 볼 수 있습니다. 잘 익은 거버너자두는 검은색을 띠고 크기는 큰 포도알 또는 작은 거봉알 정도입니다. 씨는 가운데에 여러 개 모여 있습니다.

맛 거버너자두는 과일박사가 큰 기대 없이 먹었다가 맛이 좋아 '와! 이게 뭐지?' 하고 다시 찾은 과일 중 하나입니다. 포도처럼 물에 씻어 과일 전체를 먹는데 가운데 작고 딱딱한 씨들은 포도 씨 같이 뱉으면 됩니다. 일단 강한 단맛에서 신맛이 어우러져 환상의 상큼한 맛을 느낄 수 있습니다. 또한 누르스름한 속살은 독특한 풀 향의 풍미가 있습니다. 맛의 조화를 들라면 포도와 버찌를 혼합한 맛입니다. 제가 독자분들께 추천하는 훌륭한 맛을 가진 과일이니 기회가 되면 꼭 한번 드셔보세요.

이용 및 가공 거버너자두는 작은키나무로 정원수나 울타리용 식물로도 재배하므로 열대·아열대 지방에서는 일석이조의 식물 중 하나입니다. 생과일로 먹거나 건조과일, 파이, 젤리, 잼으로 가공해 먹습니다. 완전히 암적색으로 익지 않은 열매도 단맛이 강하지만 품종에 따라서 신맛이 강한 것도 있는데 이런 품종은 주로 끓여서 잼을 만듭니다.

▲ 나무에 달린 열매(미국 플로리다)

▶ 열매 세로단면

▲ 익은 정도에 따라 다른 열매 색깔

열량(100g당)＊94kcal

영양성분(100g당)＊탄수화물
24.2g, 지방 0.6g, 단백질 0.5g,
식이섬유 1.2g, 재 0.5g, 물 74.2g

4 초콜릿 푸딩 열매

검은감나무 Black Sapote

과일박사의 맛점수

6.6~6.8

학명
Diospyros digyna Jacq.
(감나무과)

지역명
영블랙사포테(black sapote)/블랙퍼시몬(black persimmon)/초콜릿푸딩트리(chocolate pudding tree),
스페사포테네그로(sapote negro)/자포테(zapote)/자포테프리에토(zapote prieto)/마타사노(matasano)

재배지
멕시코, 과테말라, 미국 플로리다, 필리핀, 호주, 동남아시아, 남미, 중미, 카리브해 연안, 태평양 섬, 아프리카

유통시기
멕시코 8~1월, 플로리다 남부 12~2월/6~8월, 호주 8~12월, 동남아시아 9~1월

모양 우리나라의 단감 모양으로 생겼고, 겉은 녹색이나 연녹색을 띠는 과일인데요. 속은 검은색이며, 홍시같이 물렁하네요. 독특하지요? 초콜릿이 연상되어 '초콜릿 푸딩 열매'라고도 불립니다. 단감처럼 꼭지가 붙어 있지만, 표면에 광택이 있거나 곱지 않고 갈색 점들이 잔뜩 있습니다. 갈색의 검은 상처들이 많아요. 실온에서 후숙된 과일은 갈색에서 점점 검은색으로 변한답니다. 이때 녹색의 표면은 수분이 증발하면서 주름이 좀 생기고요.

맛 다 익은 과일은 10일 정도 실온에 두고 후숙시킵니다. 덜 익은 과일은 떫은맛이 강하지만 후숙이 다 되면 속이 매우 부드럽고 물렁하게 변하면서 떫은맛이 없어지지요. 씨는 4~12개 정도 들어있고 당도가 매우 낮은 편이어서, 풍미도 없다고 할 정도입니다. 하지만 아이스크림이나 셔벗 그리고 다른 과일, 예를 들면 파인애플, 오렌지, 레몬 주스 등과 함께 먹으면 다른 과일에서는 느끼기 힘든 색다른 맛을 느낄 수 있어서 그렇게들 많이 먹지요.

이용 및 가공 생과일로 먹거나 레몬, 라임, 파인애플, 오렌지 주스, 우유 등과 섞어서 먹어요. 아이스크림, 셔벗, 요구르트 등과 함께 먹기도 하고 와인, 시나몬, 설탕 등을 첨가해서 디저트로도 즐깁니다. 중미에서는 발효시켜 술을 만들기도 한대요.

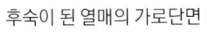

후숙이 된 열매의 가로단면 ▶

▲ 시장에서 파는 열매(미국 플로리다)

▶ 나무에 달린 열매

▲ 후숙이 안된 열매의 세로단면

열량(100g당) ＊ 36~39kcal

영양성분(100g당) ＊ 탄수화물 12.85~15.11g, 지방 0.01g, 단백질 0.62~0.69g, 식이섬유 0.4~1.2g, 재 0.37~0.6g, 물 79.5~83.1g

5 상쾌하고 기분 좋은 친구
구아바 Guava

과일박사의 맛점수

6.4~7.2

학명
Psidium guajava L.
(도금양과)

지역명
영구아바(guava)/
애플구아바(apple guava),
스페구아야바(guayaba),
독일, 네델구아베(guayave),
프랑고야브(goyave),
미잠부바투/비야바스,
캄트라팩스록, 인잠부비지/
잡부크로톡, 라시다,
말잠부비지/잠부캄푸치아/
잠부베라세/필구아바/
바야바스, 태마쿠아이/파랑,
뻬오이, 인도잠/암루드/비히,
스페라

재배지
열대와 아열대 지역

유통시기
동남아시아 3~12월, 하와이
9~11월(주 수확)/4~5월(부
수확). 고위도 지역일수록
늦여름~초겨울 생산

모양 크기는 다양합니다. 동남아 시장에서 유통되는 구아바는 주로 녹색이고 사과와 비슷한 모양이지만 표면이 좀 우둘투둘하고 끝에는 꽃 부분이 붙어있어요. 단단해도 껍질은 상당히 얇고요. 우리나라 배처럼 가운데 노란색의 작은 씨들이 모여있는 부분은 먹을 수가 없고 이 부분을 둘러싼 흰 속살을 먹어요. 익으면서 과일이 좀 부드러워지는데 이때 맛과 향이 좋아요.

맛 사과와 배를 섞은 듯한 상쾌하고 기분 좋은 맛이 나요. 구아바는 생과일로 섭취할 뿐 아니라 구아바 주스나 구아바를 이용한 각종 요리, 음료, 많은 가공 제품에 광범위하게 쓰입니다. 그 이유는 바로 구아바의 특별한 맛 때문이지요.

이용 및 가공 구아바는 생과일로 먹는 것과 주스용이 각각 다른 품종입니다. 흰색이 나며 덜 신 것이 생과일용이고, 붉은색이면서 좀 새콤한 품종이 주스용입니다. 구아바는 냉장고에서 1주일 정도 보관할 수 있어요. 생과일과 주스로 먹는 것 외에도 절임 과일, 구아바페이스트, 치즈, 젤리, 넥타 등으로 가공되어 유통됩니다. 또한 와플, 아이스크림, 푸딩, 밀크셰이크, 잼, 버터, 파이, 케이크, 케첩, 셔벗 제조 등에도 다양하게 이용돼요. 냉동건조한 제품 및 가루도 시장에서 판매되는데 젤리, 아이스크림, 과일주 등 다양한 요리에 사용됩니다. 구아바 추출물과 다른 곡물 및 타피오카 등을 섞은 이유식 및 건강식품이 개발되어 맛볼 수도 있지요.

과일박사의 생생정보

구아바는 건강 지킴이
구아바 열매 한 개에 오렌지보다 4배나 많은 비타민C가 들어 있다는 사실을 아시나요? 이 이야기를 들으면 '오, 그래?' 하면서 호감이 갈 텐데요. 그 외에도 비타민A, 엽산, 식이섬유, 칼륨, 구리, 망간 등의 영양소가 풍부하고, 붉은색 품종에는 항산화제인 카로티노이드와 폴리페놀도 많이 들어있어요. 구아바를 먹는 것은 맛도 즐기고 건강도 지키는 비결이랍니다.

▲ 시장에서 파는 열매(브라질)

▶ 나무에 달린 열매

▲ 붉은색 품종 열매의 세로단면

▲ 흰색 품종 열매의 세로단면

▲ 시장에서 파는 흰색 품종(태국)

열량(100g당) * 36~50kcal

영양성분(100g당) * 탄수화물 9.5~10g,
지방 0.1~0.5g, 단백질 0.9~1.0g, 식이섬유
2.8~5.5g, 재 0.4~0.7g, 물 77~86g

6 가장 친숙한 열대과일

귤 Mandarine

과일박사의 맛점수
5.5~8.2

학명
Citrus reticulata Blanco
(귤과)

지역명
영만다린(mandarine)/
탄제린(tangerine)

기원지
중국 남부, 필리핀,
인도차이나 지역

재배지
중국, 한국, 일본,
동남아시아, 인도, 지중해
연안, 중남미, 미국, 아프리카

유통시기
여름~가을. 지역에 따라
다양함

맛 귤은 제주도에서 재배되어 지금은 우리가 비교적 흔하게 먹을 수 있는 과일입니다. 하지만 옛날에는 서민들이 감히 구경조차 할 수 없었던 매우 귀한 과일이었답니다. 근래에 청견, 한라봉 등 다른 이름의 귤들을 들어 봤지요? 각 이름마다 맛과 향이 조금씩 다르고 대체로 기존의 귤보다 훌륭한 맛을 자랑하는데요. 앞으로 더 다양하고 나은 품종들이 개발될 것으로 기대됩니다. 그러고 보면 우리는 옛 왕족들보다도 더 사치스럽게 입맛 따라 귤도 즐길 수 있네요. 사는 게 좀 팍팍해도 이렇게 맛있는 과일을 먹으며 현실을 즐기면서 살아야겠다는 생각이 드네요.

이용 및 가공 생과일로 먹거나 주스, 화장품, 젤리, 잼, 꿀 등을 만들 때 이용된답니다. 영양 가치면에서 모든 귤류는 비타민C와 엽산이 풍부하고, 귤 하나에 성인 하루 비타민 권장량의 20%가 들어있습니다. 항산화작용을 하는 플라보노이드, 카로티노이드 등도 많이 함유하고 있고요. 자몽과 문단은 리코펜 함량이, 붉은색 속살의 귤 종류는 안토시아닌 함량이 높지요.

귤은 중국에서 수천 년 전부터 재배해오다 우리나라와 일본으로 전파가 되었어요. 지금은 중국, 스페인, 브라질, 일본, 모로코, 한국 등에서 많이 재배되고 세계 연간 생산량은 약 2,800만 톤(2009년)에 이릅니다. 노란색이 아닌 붉은빛이 도는 짙은 오렌지색의 품종은 '탄제린'이라고 구분해서 부릅니다. 귤은 오렌지, 큰귤 등 다른 유사한 품종들과 잡종형성이 잘 되는 특성이 있어 다양한 품종들로 개발되었습니다.

▶ 열매 가로단면

▲ 시장에서 파는 열매(중국 광둥성)

▶ 열매 가로단면

▲ 시장에서 파는 열매(중국 하이난성)

▲ 시장에서 파는 푸른 귤(중국 광시성)

열량(100g당) ＊ 32~45kcal

영양성분(100g당) ＊ 탄수화물 12.5~15.5g, 지방 0.1~0.3g, 단백질 0.6~1.2g, 식이섬유 0.3~0.7g, 재 0.3~0.5g, 물 82~90g, 비타민A·C, 칼슘, 인

▲ 나무에 달린 열매

온주밀감(*C.reticulata* Blanco subsp. *unshiu* D.Rivera et al.) - 중국 원저우 지방에서 유래되고 1500년대 중반 일본에 도입되어 개량된 품종인데 '미깡'이라 불리죠. 어릴 적에 어른들이 귤을 미깡이라 해서 귤의 다른 이름이 미깡인 줄 알았던 기억이 나요. 그러니까 우리가 어릴 때부터 주로 먹어왔던 제주도 귤이 이 품종인 거죠.

▼ 한라봉(제주도)

한라봉 또는 데코폰(Dekopon) - 폰칸(Ponkan)과 청견(Kiyomi) 사이의 잡종으로 1972년 일본에서 합성된 품종이에요. 폰칸은 귤 종류이고 청견은 오렌지와 온주밀감 사이의 잡종이니까 귤과 오렌지가 2:1 의 비율로 섞인 셈이죠. 그러니 귤에 더 가깝다고 볼 수 있겠죠? 부지화(Shiranui)라는 품종이지만 데코폰(Dekopon)이라는 상품명으로 세계에 알려져 있습니다. 우리나라는 단맛을 더 강화시킨 품종을 개발했는데 한라산 봉우리처럼 열매 끝이 봉긋하게 도드라져 나와 있어 한라봉이라는 이름을 붙였습니다. 한라봉은 제주도, 전라도에서 재배하고 있지요.

폰칸(Ponkan, Chinese Honey Orange) - 크기가 오렌지만큼이나 큰, 지름 7~8cm에 밝은 오렌지색이 나는 품종이에요.

청견(清見, Kiyomi) - 온주밀감 품종 중 하나인 궁천조생과 오렌지 품종 중 하나인 미국 캘리포니아의 개량종 사이에서 만들어진 잡종으로 탄고르(Tangor) 품종 중 하나인데요. 열매가 크고 맛이 강하죠. 제주도에서 많이 재배되고 이른 봄에 출하됩니다. 한 10년 전쯤일까요? 우리나라에 청견이 처음 나왔을 때 향과 맛에 반해 '또 다른 차원의 귤의 세계가 열렸구나!'하고 감격했던 기억이 나네요. 이 청견을 제주도에 순화시킨 품종인 '진지향'은 짙은 귤 향이 나면서 맛은 오렌지 같고 단맛이 강한(11~13브릭스) 품종이에요. 오렌지처럼 껍질이 쉽게 안 벗겨지는 특징이 있는데, 이에 비해 '천혜향(또는 백록향)'이란 품종은 무게가 200~280g 정도 나가고 향이 진하고 당도는 조금 더 높으면서도 (12~13브릭스) 껍질은 얇고 잘 벗겨지지요.

탄골(Tangor, tangerine과 orange의 합성어) – 귤과 오렌지의 잡종인 데요. 드윗(Dweet), 템플(Temple), 머콧(Murcott), 킹(King) 등의 품종이 있어요.

탄젤로(Tangelo, tangerine과 pummelo의 합성어, Honeybell) – 귤 과 큰 귤 사이의 잡종, 또는 귤과 자몽 사이의 잡종인데 짙은 오렌지색이고 표면은 매끈한 편입니다. 한라봉처럼 열매 끝이 봉긋하게 튀어나와 있는 종 모양이라 하여 '허니벨'이라 부르기도 하지요. 노콧(Nocatee), 미네올라(Minneol), 샘프슨(Sampson) 등의 품종이 있습니다.

유자(柚子, Yuza, *C. ichangensis* x *C. reticulata*) – 귤과 이창귤 사이의 잡종으로 중국에서 오래 전부터 재배되어 온 것이 당나라 때 우리나라와 일본으로 도입되었지요. 이창귤은 중국 이창(Yichang) 지방에서 자라는 야생 귤인데 추위에 강한 특성이 있으며, 열매 표면이 우툴두툴하면서 향이 짙고 쓴맛, 신맛이 많이 나고 열매 안에는 씨가 많이 들어 있지요. 우리나라 전남 고흥에서 많이 재배하는 유자를 차로 만들어 우리의 식탁뿐만 아니라 전 세계로 수출하지요.

▲ 겉은 푸르나 속은
잘 익은 푸른 귤
(인도네시아)

▼ 바구니에 담긴 푸른 귤
(인도네시아)

그물아노나 Cherimoya

과일박사의 맛점수

9.0

학명
Annona cherimola P. Mill.
(아노나과)

지역명
영체리모야(cherimoya)/
체리모리아(cherimoria),
브라구라베올라, 멕시폭스/
푹스, 포르그라비올라,
캄티이프바랑, 인실삭/
낭카베란다, 라칸나롯트/
키에프태트, 말두리안베란다/
두리안마끼, 미두리안아우자,
필구야바노, 태두리안타크/
리안남, 베밍카우지엠

재배지
중남미, 카리브해 연안, 미국
남부, 아프리카 북부, 필리핀,
대만, 호주 북부

유통시기
북반구 11~5월

모양 그물아노나는 아노나 열매와 비슷한데 크기가 약간 크고 아노나에 비해 돌기가 두드러지지 않거나 작아요. 손톱 모양의 망 같은 무늬가 겹쳐져 있고, 돌기는 있지만 쉽게 분리되지 않으며 하나로 붙어 있어요. 길이는 7.5~12.5cm, 무게는 200~700g 정도이고 어른 주먹 두 개 정도의 크기입니다. 그물아노나는 아노나, 가시아노나와 달리 대만, 필리핀을 제외하고는 동남아시아에서 흔치 않아요. 미국 남부, 중남미 등에서는 그물아노나가 훨씬 많이 납니다.

맛 익기 전 초록색인 채로 나무에서 채취하여 실온에 2~3일 두면 후숙이 되어 먹기 좋아요. 너무 익으면 물러지고 맛은 떨어지죠. 단맛이 강하고 오디와 비슷한 크림 맛이 납니다. 잘 익은 그물아노나는 마치 아이스크림에 달콤한 향과 약간의 신맛을 가미한 듯합니다. 적어도 온대지방 과일에서는 경험하기 힘든 맛이라 제가 아무리 노력을 해도 글로 설명하기엔 한계가 있답니다.

껍질 벗기기 잘 익은 그물아노나를 손으로 벌리거나 칼로 자르면 안쪽에 먹을 수 있는 흰 부분이 나옵니다. 아노나는 가운데에 속껍데기 같은 것이 있어 부분 부분 나눌 수 있지만 그물아노나는 그냥 하나로 되어 있어요.

이용 및 가공 섭씨 10도 정도로 저온 보관하면 1주일 정도, 냉장고에서는 2주 정도 보관 가능합니다. 그물아노나는 생과일로 먹거나 통조림, 주스, 잼, 셔벗, 아이스크림 등 가공식품으로 만들어 먹어요. 발효시켜 와인으로도 먹는답니다.

▶ 후숙이 안된 열매의 세로단면

▲ 시장에서 파는 열매(페루)

▲ 나무에 달린 열매(미국)

▲ 꽃

열량(100g당) ✱ 61.3kcal

영양성분(100g당) ✱ 탄수화물 18.2g,
지방 0.1g, 단백질 1.9g, 식이섬유
1.5g, 재 0.61g, 물 74.6g

8 한 입에 쏙
금귤 Kumquat

과일박사의 맛점수

6.8~7.6

학명
Fortunella japonica
(Thunb.) Swing. (귤과)

지역명
영쿰코앗(kumquat)

기원지
중국 남부~인도차이나 북부

재배지
아시아, 아메리카의 열대 및
아열대 지역

유통시기
8~1월

모양 귤은 귤인데 앙증맞게 작은 귤, 본 적 있으시죠? 원래는 귤의
일종이고 귤에 포함시켰는데, 1915년 식물학자인 로버트 포춘(R.
Fortune)의 이름을 따서 포투넬라(*Fortunella*)라고 기재되면서 귤과 별
도로 금귤류로 분리되었지요. 재배되는 금귤은 크게 4가지 품종군으
로 나눌 수 있어요. 열매가 올리브 정도로 작고 길쭉한 것, 열매가 원형
으로 작은 것, 조금 크고 원형인 것, 열매가 콩알 정도로 매우 작은 것
등으로 분류하죠. 물론 이 4가지 간에도 잡종이 쉽게 만들어져 구분이
불명확한 경우도 있고요. 우리나라 제주도에서는 주로 작고 동그란 품
종을 재배하지요.

이용 및 가공 금귤은 주스, 잼, 화장품 등의 제조에 이용됩니다.

카라몬딘(Calamondin, *C. x microcarpa*) – 중국에서 만들어진 귤과 금
귤의 잡종인데, 과실의 지름이 2.5~3.5cm 정도로 귤과 금귤 사이의
크기이고 짙은 오렌지색의 열매입니다. 향은 좋지만 신맛, 떫은맛이 강
하지요.

▲ 카라몬딘의 가로단면

▲ 시장에서 파는 열매(브라질)

▲ 열매 가로단면

▲ 나무에 달린 열매

열량(100g당) * 274kcal

영양성분(100g당) * 탄수화물 72.1g,
지방 0.4g, 단백질 3.8g, 식이섬유 6.5g,
재 0.2g, 물 23.5g, 비타민A·C, 칼슘, 인

9 감쪽같은 마술
기적의열매 Miracle Fruit

과일박사의 만점수

8.8

학명
Synsepalum dulcificum (A. DC.) Daniell (사포테과)

지역명
영미라클프루트(miracle fruit)/미라클베리(miracle berry, miraculose berry)/스위트베리(sweet berry), 아프리카타미/아사/레디디/아그바윤, 중신비귀(神祕果)

기원지
서아프리카의 열대지역

재배지
가나, 푸에르토리코, 대만, 미국 플로리다 남부, 싱가포르, 말레이시아

유통시기
열대지역 연중, 북반구 아열대지역 6~9월의 고온 다습한 시기에 개화 후 2개월 이내 수확

모양 독특한 이름의 이 과일은 예쁜 붉은색이며, 표면이 매끄럽고 길이 2~3cm 정도의 자그마하고 갸름한 모양입니다. 한 나무 가지 끝에 1~6개가 모여서 매달려 있어요.

맛 이름에 걸맞게 기적을 일으키는 특이한 과일이에요. 이 과일을 먹은 후에는 약 30분에서 1시간 동안 모든 맛이 단맛으로 느껴져요. 믿을 수 있나요? 그런데 사실입니다. 특히 레몬이나 라임 등 저절로 눈이 찌푸려질 정도의 신맛도 단맛으로 느껴지니 정말 신기하지요.

이용 및 가공 생과일은 레몬 또는 라임과 함께 입맛을 돋우는 역할을 해요. 열매를 동결건조한 알약으로 만들어 당뇨환자, 입맛이 없는 환자에게 여름철 입맛을 돋우는 용도로도 판매되고 있답니다.

과일박사의 생생정보

신맛을 단맛으로 바꾸는 비밀

기적의열매를 먹으면 30분에서 1시간 동안은 모든 맛이 단맛으로 바뀌어요. 마술도 아니고 도대체 어떻게 이런 일이 가능한 건지 정말 궁금하시죠? 이것은 미라쿨린(miraculin)이라고 하는 당단백질 분자가 우리 혀의 미각 수용기관과 결합하여 일시적으로 다른 맛을 단맛으로 인지하게 만들기 때문입니다. 현재 이 과일을 설탕 대용으로 이용할 수 있도록 연구가 진행되고 있고, 미라쿨린 생성 유전자를 토마토에 도입하는 실험도 진행되고 있지요. 특히 화학치료 중이어서 입맛을 잃어버린 암환자들의 입맛을 돋우는 보조식품으로 활용된다니 참 유용하죠? 이 신통방통한 과일의 한 가지 단점이 있다면 5일 이상 실온 보관한 후에는 그 효과가 없어진다는 점이에요. 그러나 이 과일을 냉동 보관해서 사용하면 보관상태에 따라서 10~18개월까지도 성분이 유지된답니다.

▲ 나무에 달린 열매(미국 플로리다)

▲ 열매 세로단면

▲ 나무에 달린 열매(싱가포르)

열량(100g당) ＊58~73kcal

영양성분(100g당) ＊탄수화물 13.5~19.2g,
지방 0.1~0.2g, 단백질 0.5~1.0g, 식이섬유
0.1~2.6g, 재 0.3~0.7g, 물 69~83g

나무토마토 Tamarillo

과일박사의 맛점수

6.2~7.0

학명
Solanum betaceum Cav.
(가지과)

지역명
영트리토마토(tree tomato)/
타마릴로(tamarillo),
온두토메이트 데 팔로,
과테카즈라픽스, 브라토메이트
드 알볼/토메이트 프란세스,
볼리비아토메이트/토메이트
드 몰테, 콜롬페피뇨 에
알볼, 에콰토메이트 둘스,
베네토메이트 프란세스,
뉴타미릴요

기원지
볼리비아, 아르헨티나

재배지
남미 안데스 산맥지역, 중미,
카리브해 연안, 아프리카,
인도, 동남아시아, 호주,
뉴질랜드

유통시기
남미·호주 10~3월, 중미
7~10월, 열대아시아 7~9월

모양 나무토마토는 달걀 모양으로 양 끝이 약간 뾰족하고, 크기는 어른 주먹보다 약간 커서 길이 5~10cm, 지름 4~5cm 정도 되는 열매예요. 주로 붉은색이지만 오렌지색, 황금색, 노란색 품종도 있고 열매의 원래 색보다 진한 색으로 희미한 세로줄무늬가 있기도 해요. 껍질 부분은 단단한 편인데 후숙이 되면 부드러워지고 토마토처럼 열매를 다 먹을 수가 있지요. 열매를 가로로 잘라 단면을 보면 가운데에 씨가 들어있는 두 부분이 확연히 보입니다.

이용 및 가공 나무토마토에는 비타민 C와 A가 풍부하게 들어있어요. 생과일은 냉장 보관하면 10주까지 보관이 가능하고 섭씨 4도 아래서는 색이 변할 수 있어서 주의해야 하지요. 품종에 따라 약간씩 맛이 다른데 단맛이 강한 품종은 생과일로 먹고, 신맛과 떫은맛이 강한 품종은 설탕을 뿌려 먹거나 가공해서 주스로 먹지요. 뉴질랜드에서 나는 나무토마토는 과일 속살 안에 반투명성 돌 같은 결정체가 들어있을 수 있는데 이것은 칼슘, 나트륨, 실리카, 마그네슘 등의 복합체이므로 잼, 주스를 만들 때 미리 없애야 해요. 시럽을 만들어 캔에 담아 판매하기도 하는데 토마토소스와 비슷하게 사용된답니다.

열대과일
100가지
맛여행
나무토마토

▶ 열매 세로단면

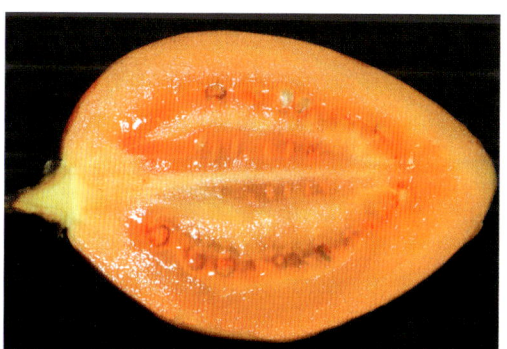

▲ 붉게 익은 열매

▶ 나무에 달린 덜 익은 열매(호주)

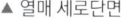

▲ 열매 세로단면

▲ 열매 가로단면

열량(100g당) ＊ 35kcal

영양성분(100g당) ＊ 탄수화물 10.3g,
지방 0.1~1.3g, 단백질 1.5g, 식이섬유
1.4~4.2g, 재 0.6~0.8g, 물 82.7~87.8g

날개시계초 Winped Passion Fruit

과일박사의 맛점수
7.4

학명
Passiflora alata Curtis
(시계초과)

지역명
영윙드패션프루트(winged passion fruit)/
프래그런트패션프루트
(fragrant passion fruit),
브라마라쿠야도스/마라쿠아
아슈

기원지
아마존 일대

재배지
페루, 브라질

유통시기
12~5월

모양 날개시계초는 줄기에 날개가 있어서 붙여진 이름입니다. 꽃이 필 때 달콤한 향기가 좋아서 '향이 좋은 시계초'라고도 부르고, 관상용으로도 재배하고 있답니다. 끝이 뾰족한 작은 럭비공 모양이고, 길이 10~15cm, 지름 8~10cm 정도 되는 고운 노란색의 열매랍니다. 큰시계초보다는 작고 시계초보다는 크다고 할까요? 브라질의 시장에서는 비교적 흔하게 볼 수 있는데 대량으로 유통되지는 않는 것 같습니다.

맛 달고 신맛은 시계초와 비슷하지만 시계초보다는 당도가 약간 높고 신맛은 덜 합니다. 씨도 잘 씹히기 때문에 식감도 좋아 권장할만한 과일입니다.

껍질 벗기기 과일을 칼로 쪼개면 두껍고 흰 껍질층이 있습니다. 가운데에 씨와 과육이 즙과 함께 있는데 숟가락으로 씨와 살을 함께 떠먹으면 됩니다.

이용 및 가공 주로 생과일로 유통되며 주스를 만들기도 합니다. 브라질에선 매우 중요한 약용식물로, 잎의 추출물을 신경안정제, 항궤양작용에 널리 이용하는 식물이랍니다.

과일박사의 생생정보

다양한 시계초의 세계
시계초 종류가 워낙 많고 대부분 아메리카 대륙에, 특히 안데스 지역에 다양한 종이 자생합니다. 현지에서는 20여 종 이상이 재배되는데 시장에 유통되는 종은 이 책에서 소개하는 시계초, 큰시계초, 단시계초, 날개시계초, 바나나시계초 정도입니다.

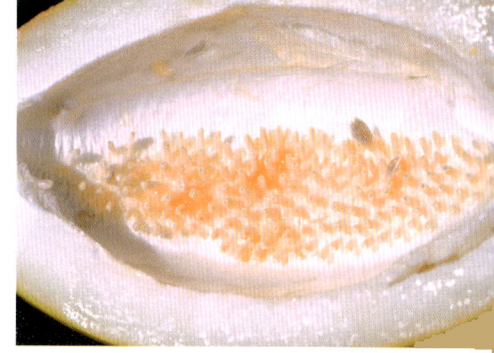

▲ 시장에서 파는 열매(브라질)

▲ 열매 세로단면

▲ 속을 파먹고 남은 열매껍질

열량(100g당)＊분석자료 없음(시계초와 비슷함, 161쪽)

영양성분(100g당)＊분석자료 없음(시계초와 비슷함, 161쪽)

노란감나무 Gold Apple

과일박사의 맛점수

6.8

학명
Diospyros decandra Lour.
(감나무과)

지역명
영골드애플(gold apple),
태찬인/찬카오/찬룩홈, 베티

재배지
태국, 라오스, 베트남,
캄보디아, 미얀마,
인도네시아, 인도 아삼,
말레이시아

유통시기
인도차이나 9~10월/4~7월
(당도가 더 높음)

모양 노란감나무 열매는 우리나라의 재래종 감처럼 둥글면서도 위아래가 약간 납작한 모양이고 감 꼭지도 얌전하게 붙어 있답니다. 진하지 않은 노란색이며 표면에는 무늬가 없습니다. 씨는 1~10개 정도 들어 있는데 감 씨와 같은 모양이면서 갈색이에요. 열매의 속도 겉처럼 노란색이어서 영어로 골드애플이라고 부릅니다. 열매가 나무에 달려있을 때는 푸른색이지만 익어가면서 점차 노란색으로 변하다가 완전히 익으면 땅에 떨어지지요. 떨어지기 전에 수확해서 유통시키는데 장거리 수송에는 어려움이 있어 주로 생산지 인근에서만 소규모로 판매됩니다.

맛 우리나라 감과 모양은 흡사해도 맛은 완전히 달라요. 섬유질이 훨씬 많아 질감도 많이 다르답니다. 당도는 낮은 편이고 풍미도 약하지만 그런대로 먹을만한 과일이라고 할 수 있겠네요.

껍질 벗기기 껍질이 매우 얇기 때문에 다 익었을 때는 껍질이 쉽게 벗어져서 속을 먹기가 편하죠.

이용 및 가공 생과일로 먹거나 발효시켜 술이나 식초를 만들기도 합니다. 가정, 사원 등에서 관상수로 재배하고 열매는 월경 촉진 및 불순 치료에도 이용된다고 하네요.

▶ 열매 세로단면

▲ 시장에서 파는 열매(말레이시아)

▲ 열매 세로단면

▲ 나무에 달린 열매

열량(100g당) * 49kcal

영양성분(100g당) * 탄수화물 12.6g,
지방 0.3g, 단백질 0.6g, 식이섬유 1.6g,
재 0.6g, 물 79.46~83.1g

노란망고스틴 Gamboge

과일박사의 맛점수

8.2~8.6

학명
Garcinia xanthochymus
Hook. f. (물레나물과)

지역명
영감보즈(gamboge tree)/
옐로우망고스틴(yellow
mangosteen)/
폴스망고스틴(false
mangosteen),
말아삼칸디스, 태마다루앙/
마다

기원지
인도 동북부, 미얀마, 태국,
말레이반도

재배지
태국, 말레이시아,
인도네시아, 필리핀, 호주
북부

유통시기
동남아시아 7~8월, 호주
10~12월

모양 노란망고스틴은 망고스틴과 색깔만 다른 것이 아니라 모양이나 먹는 부위도 많이 다르답니다. 노란망고스틴의 크기는 작은 주먹만 하고 과일의 끝부분이 주둥이 같이 뾰족하게 튀어 나와 끝에 5개로 나뉜 암술머리 흔적이 남아있습니다. 망고스틴은 열매 끝이 둥글고 암술머리가 넓게 퍼져 있지요. 노란망고스틴은 껍질이 얇아서 거의 모든 부분을 먹을 수 있는데 안에 갈색의 큰 씨가 1~4개 들어 있습니다.

맛 맛은 신맛이 강하면서 단맛도 있어서 먹을 만합니다. 신 것을 좋아하는 사람에게는 꼭 추천하고 싶은 과일입니다. 완전히 숙성되어 말랑말랑한 노란망고스틴은 신맛이 약해지고 단맛이 강해지는데 잘 익은 파인애플과 망고스틴의 맛을 조합한 느낌입니다. 상큼한 오렌지 향도 조금 있어서 독특한 향과 풍미를 느낄 수 있답니다.

껍질 벗기기 잘 익은 감을 두 손으로 벌리면 벌어지듯이 잘 익은 노란망고스틴도 두 손으로 쉽게 벌어집니다. 물이 많고, 안쪽의 노란 속살이 입맛을 자극합니다.

이용 및 가공 생과일로 섭취하는 것 외에 잼, 젤리, 푸딩, 와인, 시럽, 파이 제조에 이용합니다.

과일박사의 생생정보

가능성을 지닌 차세대 열대과일
현재 노란망고스틴은 시장에 흔하지 않고 지역시장에 국지적으로 유통되고 있습니다. 그러나 열대지역에서 좀 더 품종개량이 이루어진다면 망고스틴 못지 않은 훌륭한 열대과일이 될 가능성이 높습니다. 노란망고스틴은 망고스틴과 달리 가지에 많은 수의 열매가 달리는데 잘 조절하면 소수이지만 큰 과일로도 육성이 가능합니다.

열매 세로단면 ▶

▲ 나무에 달린 열매(말레이시아)

▶ 열매 세로단면

▲ 나무에 달린 어린 열매

▲ 나무에 달린 덜 익은 열매

열량(100g당) ＊45kcal

영양성분(100g당) ＊ 탄수화물 12.2g,
지방 0.5g, 단백질 0.4g, 식이섬유 1.0g,
재 0.6~0.8g, 물 85.7~88.8g

14 출출할 때 생각나는
노란사포테 _Canistel_

과일박사의 맛점수

8.8~9.4

학명
Pouteria campechiana
Baehni (사포테과)

지역명
영, 중남미카니스텔(canistel)/
에그프루트(egg-
fruit)/엘로우사포테(yellow
sapote),
멕시자포테만테(zapote
mante)/주불(zubul),
니카자포테아마릴요(zapote
amarillo)/필티에사(tiesa)/
카니스텔, 충타오란

기원지
유카탄반도를 포함한 멕시코
남부, 벨리즈, 과테말라,
엘살바도르

재배지
중남미, 카리브해 연안, 호주
북부, 동남아시아, 인도,
아프리카, 중국 하이난성,
대만

유통시기
적도 인근 연중 생산, 쿠바
10~2월, 바하마 9~2월,
미국 플로리다 12~2월,
필리핀·중국 하이난성
11~3월, 호주 북부 8~10월,
브라질 9~2월

모양 동남아시아 시장에서 볼 수 있는, 광택이 도는 노란색 열매입니다. 어른 주먹만 한 크기에 열매 끝이 약간 굽어 뾰족합니다. 녹색 잎이 1~3장 붙어 있기도 하죠. 품종에 따라 모양, 크기가 다양하긴 하지만 원형에 가까운 모양이면서 끝이 뾰족한 형이 가장 널리 재배됩니다. 간혹 방추형이거나 타원형인 것도 있어요. 덜 익은 노란사포테는 연한 녹색으로 단단하고, 검(gum) 성분의 흰 즙을 분비합니다. 성숙해지면서 연노란색으로 변하다가 나중에는 완전히 짙고 선명한 노란색이 된답니다.

맛 나무에서 노란색이고 딱딱한 상태에서 따다가 실온에 1~3일 정도 두면 후숙이 되어 부드럽게 먹을 수 있지요. 딱딱한 것은 떫어서 먹기 어렵거든요. 그런데 너무 부드럽고 신 냄새가 난다면 썩은 것이니 주의해야 해요. 노란사포테는 다른 과일에서는 경험하기 힘든 아주 독특한 식감과 맛이 난답니다. 맛있게 찐 단호박 같은 맛입니다. 단호박이나 고구마 종류를 좋아하는 저는 찌거나 굽지도 않은 생과일이 이렇게 맛있는 풍미가 있다는 게 어찌나 신통하고 좋던지요. 집에서 출출할 때는 가끔 '노란사포테 한 개 먹었으면…' 하며 그리워하기도 한답니다.

껍질 벗기기 잘 익은 노란색의 노란사포테는 맨손으로도 쉽게 쪼갤 수 있는데요. 쪼개 보면 속살은 겉과 똑같이 예쁘고 진한 노란색입니다. 가운데에 크고 갈색 광택이 나는 씨가 1~4개 정도 들어있어서 먹을 게 별로 없다는 생각이 들 수도 있어요. 손으로 쪼갤 때의 촉감이나 색깔은 딱 달걀 노른자와 같아서 '에그-요크프루트(egg-yolk fruit)'라고도 불립니다.

이용 및 가공 생과일로 먹거나 아이스크림, 셔벗, 밀크셰이크, 팬케이크, 파이, 케이크, 잼 등을 만들 수 있답니다.

열대과일
100가지
맛여행
노란사포테

▶ 열매 세로단면

▲ 시장에서 파는 열매(말레이시아)

▲ 시장에서 파는 열매(브라질)

▲ 열매 가로단면

▲ 나무에 달린 익은 열매

열량(100g당) ＊138.8kcal

영양성분(100g당) ＊탄수화물 36.4g,
지방 0.1g, 단백질 1.7g, 식이섬유
1.5g, 재 0.9g, 물 60.6g

노란용과 Yellow Pitaya

과일박사의 맛점수

8.2~8.6

학명
Hylocereus megalanthus
Bauer (선인장과)

지역명
^영엘로우피타야(yellow
pitaya)

기원지
중미

재배지
중남미, 호주, 중동, 동아시아
열대 및 아열대 반사막지역

유통시기
열대지역 연중, 아열대지역
초여름~초가을

모양 노란용과는 겉이 예쁜 노란색이고, 붉은용과나 용과와 비슷해 보이지만 확연히 다른 특징이 있어요. 우선 크기가 절반 정도로 작은 편이고, 길쭉하며, 겉이 나선 모양으로 울퉁불퉁하게 도드라져 솟아 있다는 점이 달라요. 각각 도드라져 나온 부분 끝에는 가시가 있는데 완전히 숙성되고 나면 다 떨어져 나가 흔적만 남습니다.

맛 열매를 잘라 보면 다른 용과와 마찬가지로, 꽉 차있는 하얀 아이스크림 같은 속살에 깨보다 작은 검은 점 같은 씨들이 콕콕 잔뜩 박혀 있어요. 맛은 다른 용과보다 단맛, 신맛이 훨씬 강하답니다.

이용 및 가공 재배방법이나 쓰임새, 특징 등은 다른 용과들과 비슷합니다. 특히 원산지인 중·남미 시장에서 많이 유통된답니다. 생과일로 먹거나 절편, 건조한 과일로 먹어요. 주스, 아이스크림, 잼 등으로 가공하기도 합니다. 칵테일과 용과주의 원료로 이용됩니다.

▲ 나무에 달린 열매

▲ 시장에서 파는 열매(브라질)

▲ 열매 세로단면   ▲ 열매 가로단면

◀ 꽃

열량(100g당) * 35~50kcal

영양성분(100g당) * 탄수화물 9~14g,
지방 0.1~0.6g, 단백질 0.15~0.5g,
식이섬유 0.3~0.9g, 물 80~90g

단시계초 Sweet Granadilla

과일박사의 맛점수

9.0~9.2

학명
Passiflora ligularis A.
Juss.(시계초과)

지역명
영스위트그라나딜라(sweet
granadilla),
스페그라나딜야그란데, 콜롬,
베네바데아, 페루, 에콰텀보/
탐보, 필파롤라, 인, 말말키자,
태수콩타롯, 베두아관타이

기원지
남미 안데스 지방

재배지
브라질, 페루, 칠레,
볼리비아, 콜롬비아, 멕시코,
호주, 남아프리카, 뉴기니

유통시기
적도지역 연중, 멕시코
7~10월, 페루·브라질 12~4월

모양 일반 시계초류 열매보다 약간 크고 황금색, 오렌지색을 띠며, 반짝이는 표면에 흰 점들이 있는 것이 특징입니다. 열매는 길이 6~8cm, 지름 5~7cm 정도이고, 보통 긴 열매자루와 꽃받침이 붙어있습니다. 여름에 중남미지역을 여행하다가 길가의 가판대나 시장에서 황금색 자루 달린 시계초 비슷한 열매를 보면 단시계초라고 보면 됩니다.

맛 시계초는 신맛이 강한데 단시계초는 말 그대로 달면서 상큼한 맛이 미각을 돋군답니다. 과즙도 풍부하고, 단맛 외에 약간 시면서 은은한 풍미와 여미도 느껴집니다. 제가 이 책에서 9점 이상으로 맛을 평가한 과일은 여섯 손가락 이내라는 점 잊지 마세요!

껍질 벗기기 과일을 먹으려면 두 손으로 잡고 엄지에 힘을 주어 과즙을 흘리지 않도록 조심스럽게 쪼갭니다. 쪼갠 후에는 숟가락으로 파먹으면 됩니다. 여행 다닐 때 숟가락은 꼭 갖고 다니세요.

이용 및 가공 단시계초는 생과일로 먹는 것 이외에 주스 제조에도 쓰입니다. 원액을 농축주스로 판매하며, 다른 과일주스와 섞어 다양한 맛의 주스를 만들기도 하지요. 또한 디저트, 젤리, 잼, 과자 등도 만듭니다.

과일박사의 **생생정보**

시계초와 단시계초 구분하기
시계초 껍질은 손으로 벌리면 잘 안 벌어지고 칼로 쪼개야 되는데, 단시계초 열매는 손으로 쪼개면 쉽게 부스러지면서 열리고, 칼로 쪼개도 부스러지는 특징이 있답니다. 시계초 열매는 시간이 지나면 쭈글쭈글 주름이 지는데 단시계초 껍질은 딱딱해서 주름이 지지 않는 것도 다릅니다. 물론 잎이나 꽃도 다르지요.

▲ 시장에서 파는 열매(브라질)

▲ 시장에서 파는 열매(페루)

▲ 열매 세로단면

▲ 꽃

열량(100g당) ＊ 60kcal

영양성분(100g당) ＊ 탄수화물 14.4g,
지방 0.2g, 단백질 0.7g, 식이섬유
0.2g, 물 84.2g

17 꿀처럼 달콤한
대추야자 Date Palm

과일박사의 맛점수

7.6~7.8

학명
Phoenix dactylifera L.
(야자나무과)

지역명
영데이트(date)/
데이트팜(date palm),
터키훈납, 중하이자오

재배지
중동, 인도, 북아프리카,
열대아메리카, 미국
캘리포니아, 호주

유통시기
연중

모양 우리나라에서 재배하는 일반 대추보다 크고, 대추 중에 가장 큰 왕대추 정도의 크기(길이 3~8cm)입니다. 표면은 암자색, 암적색으로 광택이 있고, 주름진 정도는 대추 말린 것보다 덜하답니다. 중간에 길쭉한 종자가 하나 박혀있는데 비교적 작아서 먹을 수 있는 살 부분이 두껍습니다.

맛 당분이 많아 단맛 이외에 다른 맛을 느끼기 어려워요. 씨를 빼고 그 자리에 다른 견과류를 넣어 가공하여 고가로 유통하기도 하지요. 생산지에서는 생과일을 냉동 보관하면 1년 이상 놔둬도 맛에 변화가 없는 저장성이 뛰어난 과일이에요.

이용 및 가공 생과일보다는 저장성이 높아 주로 말린 과일로 유통한답니다. 술, 주스로 제조하거나, 말린 뒤 가루로 만들어 식재료에 쓰고, 씨는 식용유로 이용합니다.

과일박사의 생생정보

수천 년 동안 전 세계의 사랑을 받는 과일

대추야자는 세계적으로 유통되며 우리나라의 슈퍼마켓에서도 쉽게 구할 수 있고 중동 및 북아프리카 국가에서는 오랫동안 주요 식량으로 이용하고 있습니다. 세계 문명의 발상지인 나일강, 유프라테스강 지역에서는 기원전 7000년부터 재배해온 기록이 있습니다. 인류 문화의 태동과 연관이 있는 과일이고, 성경에도 50번 이상 언급된 과일이랍니다. 현재는 중동, 아프리카는 물론, 인도, 중국 남부, 미국 캘리포니아, 호주, 남아메리카 등에서 널리 재배하고, 또 수많은 품종들이 개발되어 재배되고 있습니다. 중동지역의 시장에 가면 산더미같이 쌓아놓고 판매하는 대추야자를 흔히 접하는데 크기나 색깔도 정말 다양합니다.

열매 세로단면 ▶

▲ 시장에서 파는 말린 열매(브라질)

▲ 나무에 달린 열매

▲ 막 수확한 열매

열량(100g당) *270~290kcal

영양성분(100g당) *탄수화물 75.0g, 단백질 1.8~2.5g, 지방 0.2~0.4g, 식이섬유 6.7~8.0g, 재 1.7g, 물 20~25g, 비타민B군, 철, 망간, 마그네슘, 인

두리안 Durian

학명
Durio zibethinus Murr.
(아욱과)

지역명
영, 스페, 프랑,
독일두리안(durian)/
두리오(durio)

재배지
태국, 캄보디아, 베트남,
말레이시아, 인도네시아,
브루나이, 필리핀 다바오

유통시기
태국 4~9월, 말레이시아
5~9월/12~1월, 인도네시아
6~8월/12~2월, 필리핀
8~11월, 캄보디아·베트남
5~7월, 브루나이 7~8월(저온
저장한 과일은 이듬해
1~2월까지 유통)

모양 두리안은 크고 뾰족한 가시가 중무장하듯 온통 뒤덮여 있어 겉모양부터 매우 독특합니다.

맛 두리안이 도대체 얼마나 맛있기에 수많은 과일 중에 '왕'이란 칭호까지 얻었을까요? 다 익은 두리안에서 나는 냄새는 특이하게도 달걀이 썩은 것 같은 퀴퀴한 냄새가 납니다. 두리안 향은 얼굴이 찌푸려질 정도라서 처음에는 맛이 좋을 것 같다는 생각이 들지 않지요. 냄새 때문에 근처에만 가도 두리안의 등장을 금방 알 수 있을 정도입니다. 그런데 한번 먹어보면 매력적인 맛에 홀딱 반하게 된다는 게 엄청난 반전이죠. 아주 독특한 향에 달콤하면서도 감미로운 그 맛은 정말이지 이 세상 어떤 과일과 비교할 수 없으면서도 잊을 수 없는 중독성이 있습니다. 동남아시아를 여행하게 되면 현지에서 꼭 맛보세요.

고르기 잘 익은 열매는 겉껍질과 속 알맹이 사이에 약간의 공간이 생기기 때문에 아는 사람들은 두드려 보면 익은 정도를 알 수 있어요. 안이 노랗고 살짝 물렁하며, 냄새가 적당히 나고 달콤한 향이 강하면 잘 익은 것입니다.

과일박사의 생생정보

함께 먹으면 좋아요!
두리안은 고열량이라 몸에 열이 나게 하는 것으로 알려져 있어요. 열을 내려 준다는 과일의 여왕 망고스틴과 함께 먹으면 괜찮은 궁합이 된답니다.

▲ 열매 세로단면

▲ 시장에서 파는 열매(인도네시아)

▲ 먹기 좋게 발라낸 열매 속살

▲ 잘 익은 열매 속살

열량(100g당)＊147kcal

영양성분(100g당)＊탄수화물 27.1g, 지방 5.3g,
단백질 1.5g, 식이섬유 3.8g, 재 1.0g, 물 65g

▲ 두리안 잼(필리핀)

▲ 두리안 팬케이크(인도네시아)

▲ 두리안으로 만든 다양한 제품들(싱가포르)

▼ 두리안 셔벗

▲ 껍질 벗기기

껍질 벗기기 겉에 뒤덮인 뾰족한 가시 때문에 두리안을 먹으려면 두꺼운 장갑과 튼튼한 칼이 필요합니다. 5개의 길다란 홈의 반대부분을 칼로 길게 잘라 열매를 벌리면 속살이 쉽게 나옵니다. 시장에서는 속만 꺼내 무게를 달아 팔기도 합니다. 가격은 다른 과일에 비해 비싸지만 워낙 맛이 있으니 '과일의 왕'을 알현하는 비용을 지불하는 셈 쳐야 겠죠?

이용 및 가공 생과일, 과육을 냉동건조하여 진공 포장한 제품, 기름에 튀겨 만든 두리안 칩, 두리안 웨이퍼, 비닐봉지에 담은 두리안 페이스트, 쿠키 등 다양한 과자류 및 사탕 제품들이 유통됩니다. 태국, 말레이시아, 인도네시아에서는 쌀과 함께 조리하기도 하며, 팬케이크, 빵, 과자, 아이스크림, 셔벗, 케이크 등의 원료가 되기도 합니다.

과일박사의 생생정보

세계 속의 두리안, 왕 중의 왕을 찾아서!

과일의 왕 두리안의 맛을 찾아 여행을 떠나봅시다. 저는 동남아 열대 지방을 여행할 때 두리안이 열리는 시기를 꼭 확인하고 간답니다. 어떤 두리안이 맛있느냐고요? 태국이나 말레이시아에서 주로 재배되는 흰 속살의 두리안 몬통이 맛이 좋습니다. 인도네시아의 누르스름한 속살의 두리안 페트룩은 최고의 맛입니다. 누런 속살의 두리안 메단도 잊을 수 없는 맛이죠. 필리핀 다바오 지방의 두리안은 정말 값도 싸고 맛도 좋습니다. 캄보디아 서부의 야생 두리안은 씨는 크지만 맛은 정말 일품입니다. 그러나 뭐니 뭐니 해도 최고의 두리안은 인도네시아 칼리만탄(보르네오)의 야생 두리안입니다. 30m에 달하는 나무꼭대기에 올라가 따온 두리안을 맛보는 느낌 황홀하답니다.

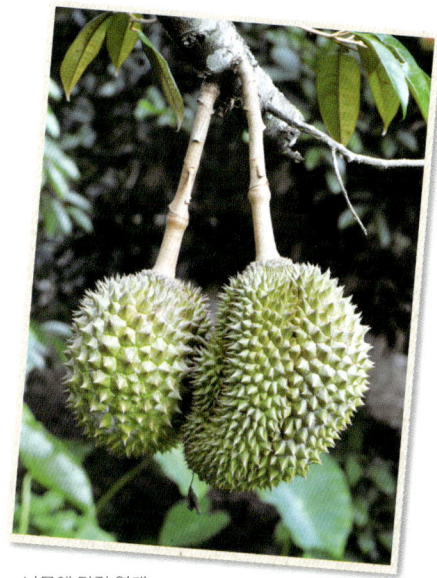

▲ 나무에 달린 열매

▼ 필리핀 다바오 막사이사이 시장에 쌓여있는 열매

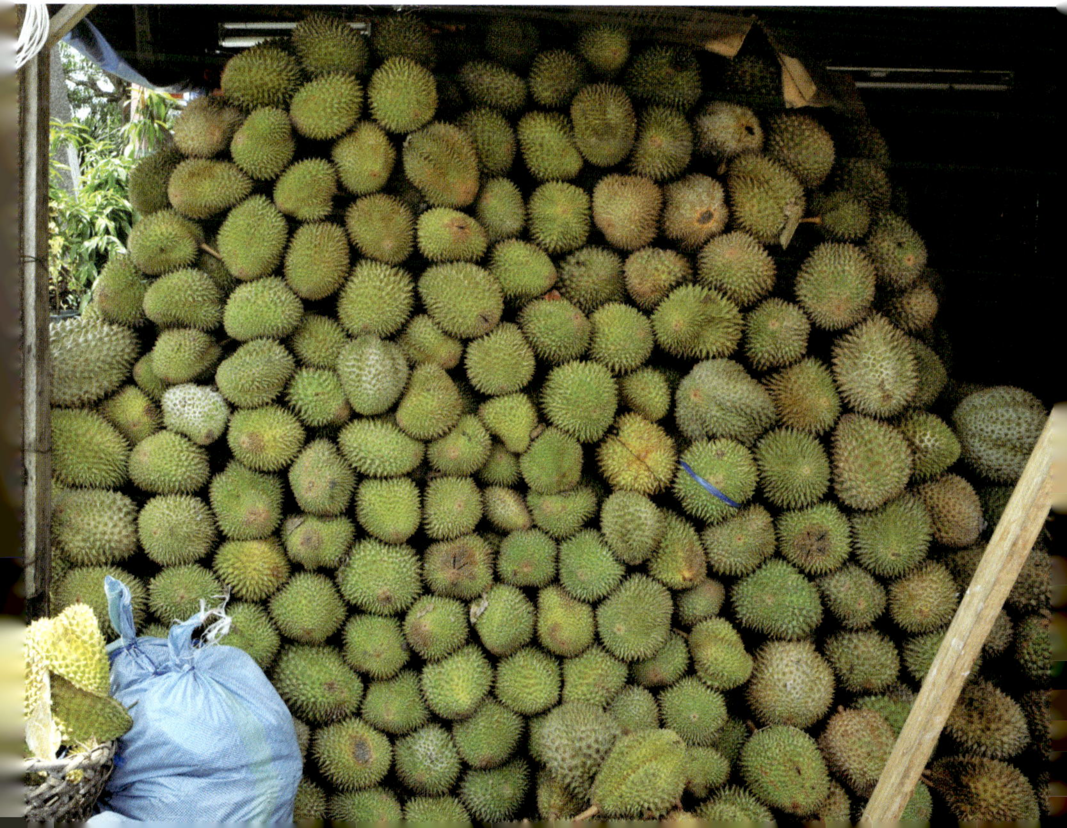

딸기구아바* Cattley Guava

과일박사의 맛점수

8.6~8.8

학명
Psidium cattleianum
Sabine (도금양과)

지역명
영거캐틀리구아바(cattley
guava)/스트로베리구아바
(strawberry guava),
스페구아비타 세레자,
페루페루구아바

기원지
브라질

재배지
중남미, 미국 플로리다,
아시아와 아프리카 열대 및
아열대 지역

유통시기
적도 인근 1년 3회,
남·북반구 아열대지역
여름과 가을 2회 수확

*딸기같이 빨갛고 작은
구아바라는 뜻으로 우리말
이름을 새로 붙임

모양 여름에서 가을철에 중남미를 여행하다 지역시장에 들러보면 가끔 볼 수 있는 열매입니다. 작은 딸기 정도의 크기에 빨간 열매를 볼 수 있는데, 끝에 왕관 모양으로 꽃받침이 남아 있으면 딸기구아바라고 생각하면 됩니다. 과일은 둥글고 지름이 2~4cm 정도의 크기로 얼른 보면 큰 구아바와 같은 과(科)인지 알기 어렵지만, 자세히 들여다보면 구아바의 사촌임을 쉽게 이해하게 된답니다. 열매를 쪼개보면 구아바같이 작은 씨가 여러 개 있으니까요.

맛 과일을 물에 씻어서 통째로 먹을 수 있는데 과즙이 많고 약간 신맛이 있으면서 단맛이 강하여 상쾌한 청량감이 있습니다. 작은 고추가 맵다는 이야기 아시죠? 딸기구아바는 구아바보다 작지만 맛은 구아바 저리 가라입니다. 특히 페루, 볼리비아, 칠레 등 건조지역에서 생산되는 딸기구아바는 다른 지역에서 생산되는 것보다 맛이 더 뛰어나답니다.

이용 및 가공 한가지 단점이라면 과일껍질이 얇아 딸기처럼 저장성이 좋지 않고 유통기간이 짧다는 점입니다. 숙성된 열매는 유통기간이 2~3일 밖에 되지 않고, 냉장고에 보관해도 일주일을 넘기기 어렵습니다. 따라서 오랫동안 맛을 즐기려면 냉동보관하고, 생각날 때 냉동 딸기처럼 먹으면 맛이 좋습니다. 또 다른 방법으로 잼을 만들어 두는 것도 좋습니다. 제가 하와이에서 구입한 딸기구아바 잼은 아껴서 빵에 발라 먹는 기호품입니다. 그 외에 딸기구아바로 만든 젤리, 셔벗, 아이스크림, 주스 등도 있습니다.

열매 세로단면 ▶

▲ 시장에서 파는 열매(페루)

▲ 나무에 달린 익은 열매

▲ 꽃

열량(100g당) ＊69kcal

영양성분(100g당) ＊탄수화물 17.4g,
지방 0.6g, 단백질 0.6g, 식이섬유 5.4g,
재 0.7g, 물 80.7g, 비타민A·C

20 신맛의 제왕
라임 Lime

과일박사의 맛점수
4.0

학명
Citrus aurantifolia
(Cristm.) Swingle (귤과)

지역명
영라임(lime)

기원지
말레이시아, 인도네시아

재배지
열대 및 아열대 지역

유통시기
연중

모양 라임 열매는 높이 2~4m 정도의 작은키나무에서 열리는데 모양은 약간 갸름하면서 원형에 가깝고, 지름은 2.5~5cm 정도 되는 작은 과일이에요. 껍질이 녹색일 때 유통되지만 완전히 숙성되면 연노란색으로 변하지요.

맛 껍질은 얇고 안에는 6~15조각의 알맹이가 꽉 차있는데 레몬은 심하지 않다고 느낄 정도로 엄청 신맛이 나지요. 레몬과는 다른 특유의 향이 있고요.

이용 및 가공 우리나라는 라임보다는 레몬이 더 많이 보여서 요리할 때도 라임을 사용하는 경우는 많지 않아요. 하지만 서양에서는 특히 다양한 소스재료에 라임이 많이 사용되어 레몬보다 이용도가 높은 과일이랍니다. 생과일을 먹기보다는 라임주스, 잼, 젤리, 칵테일, 음식 조리, 화장품 제조 등에 많이 쓰이지요.

타히티라임(Tahiti lime, Persian lime, *C. latifolia* Tan.) − 라임과 시트론의 잡종으로 보이고, 1895년 캘리포니아에서 개발된 품종 이에요. 라임보다 크고 껍질은 좀 더 두껍습니다. 맛은 라임보다 향과 신맛, 쓴맛이 덜해요.

카필라임(Kaffir lime, *C. hystrix* DC.) − 인도차이나가 원산지이고 라임과 비슷하지만 겉 표면이 우둘투둘하게 거친 점이 다르답니다. 잎의 모양이 커서 마치 두 장의 잎이 위아래로 달린 것같이 보이는 점이 귤류와 구분되는 특징이지요. 이 잎은 향이 좋아 동남아 음식 조리에 향신료로 이용됩니다. 동남아시아의 시장에서 가끔 볼 수 있어요.

▼ 카필라임　　　　　　▼ 타히티라임

열대과일
100가지
맛여행
라임

▲ 시장에서 파는 열매(브라질)

▶ 나무에 달린 열매

▲ 꽃

▲ 바구니에 담긴 카필라임(라오스)

▲ 녹색 품종 열매의 가로단면

▲ 흰색 품종 열매의 가로단면

열량(100g당) ＊ 30kcal

영양성분(100g당) ＊ 탄수화물 8.2~10.5g, 지방 0.1g, 단백질 0.1g, 식이섬유 0.2g, 재 0.3g, 물 88.7~93.5g, 비타민A·C, 칼슘, 인

람부탄 Rambutan

과일박사의 맛점수
7.8~8.6

학명
Nephelium lappaceum L.
(무환자나무과)

지역명
영, 인, 말, 필, 태람부탄
(rambutan), 캄사우마우/
세르몬, 태노그, 뻬촘촘/
바티유

기원지
동남아시아

재배지
말레이시아, 미얀마, 베트남,
인도네시아, 필리핀, 태국,
스리랑카, 인도, 중남미, 미국
남부·하와이, 아프리카, 호주

유통시기
말레이시아·태국
3~7월/11~4월, 미국 하와이
8~10월, 플로리다 9~11월,
브라질 1~3월

모양 람부탄은 작은 달걀 정도 크기의 표면에 초록빛이 나고 기다란 잔털이 수북하게 뒤덮인 빨간색 과일이에요. 마치 바다생물인 성게가 연상되죠. 가끔 노란색인 것도 있고, 털이 짧은 것도 있긴 하지만 매우 드물고요. 열매의 모양은 둥글거나 달걀형인데 길이는 3~6cm, 지름은 3~4cm 정도 되고 한 가지 끝에 10~20개씩 모여 달려요. 시장에서 열매를 따서 팔기도 하고 줄기째 팔기도 해요.

맛 흰 속살 부분은 물이 많고 단맛이 강해 신맛은 느끼기 어려울 정도고요. 가운데 비교적 큰 씨가 하나 있는데 이 씨를 둘러싼 막과 속살 부분이 딱 달라붙어 있어 잘 떨어지지 않는 단점이 있답니다. 먹을 때 씨앗만 홀랑 떨어지면 얼마나 좋을까요? 아쉬운 마음을 접고, 잘 발라서 속살만 드세요. 씨를 둘러싼 막은 떫은맛이 나니까 씨와 함께 버리세요.

고르기 후숙이 어느 정도 진행되어 녹색 빛이 다 없어진 것, 붉은색이 짙게 나고 광택이 있는 것이 싱싱하고 맛있는 상태랍니다.

껍질 벗기기 껍질은 잘 까지는 편인데 껍질이 잘 안 벗겨지면 후숙이 약간 덜 된 것이니까 실온에 2~3일 두었다가 먹으면 더 맛있어요. 엄지손톱을 이용해서 벗길 수 있지만 칼을 이용해서 벗길 수도 있습니다. 가로로 한 바퀴만 돌려서 칼집을 내면 껍질을 쉽게 벗길 수 있지요.

이용 및 가공 생과일로 먹거나 과육만 통조림으로, 과즙은 캔으로 판매 하는 것을 먹을 수도 있어요. 냉동건조하여 진공포장한 제품이나 웨이퍼 등 과자류로 제조한 제품도 나와있답니다.

▶ 열매 세로단면

▲ 시장에서 파는 열매(태국)

▶ 칼로 껍질을 도려낸 열매 속살

▲ 막 수확한 열매(미국 하와이)

▲ 나무에 달린 덜 익은 열매(필리핀)

열량(100g당) ＊82kcal

영양성분(100g당) ＊탄수화물 20.9g, 지방 0.2g, 단백질 0.7g, 식이섬유 0.9g, 물 78.1g

22 투명한 진주처럼
랑삿 Langsat

과일박사의 맛점수

7.8~8.4

학명
Lansium domesticum
Corr. (멀구슬나무과)

지역명
영랑삿(langsat)/
롱콩(longkong)/
두쿠(duku), 미두쿠/랑삿,
인, 말랑삿/랑세/두쿠/코코산,
필란손/란사/란존/랑세/
랑셉/부아한, 태랑삿/롱콩/
두쿠, 스가두구다, 베본본

기원지
태국에서 말레이반도에
이르는 지역

재배지
태국, 인도네시아,
말레이시아, 베트남, 필리핀,
인도 남부

유통시기
말레이시아 6~7월/12~2월,
인도 4~9월, 필리핀 7~8월,
태국 6~8월(저온 저장하여
10월까지 유통)

모양 여름에서 초가을에 동남아시아 시장을 방문하면 거봉 포도 크기의 열매가 포도송이처럼 20여 개 달려 있는 모습을 흔하게 볼 수 있어요. 색깔이 노란색, 갈색으로 우리가 먹는 포도와는 다릅니다. 크기는 대체로 2~3cm, 혹은 품종에 따라 3~5cm 정도인데 큰 것은 골프공만 하기도 해요. 껍질을 벗겨내면 반투명한 조각들이 마치 파나 마늘조각처럼 원형으로 모여 있지요. 조각들 사이에는 막이 있고 속에 초록색 씨가 들어 있기도 해요. 이 반투명한 조각을 생으로 먹는 것입니다.

맛 달콤하면서 약간 신맛이 나고 독특한 향도 있답니다.

고르기 겉껍질에 검은 반점이 생겼으면 이미 후숙이 꽤 진행된 것입니다. 금방 먹을 때는 괜찮지만 사두고 먹으려면 반점이 없고 색이 고운 것을 골라야 해요.

껍질 벗기기 껍질이 얇아서 손으로 벗기면 잘 벗겨집니다.

이용 및 가공 생과일로 먹거나 시럽, 건조과일 형태로 가공해서 이용하고, 조리용으로도 이용합니다.

과일박사의 생생정보

세 가지 매력을 가진 랑삿
랑삿은 조금씩 다르면서 비슷한 랑삿, 롱콩, 두쿠라는 세 가지 종류가 있어요. 랑삿은 껍질 색이 약간 희고 크기가 좀 작고 털이 있으며 유즙이 분비되고요. 롱콩은 노란색에 털과 유즙이 없는 것으로 태국에서 가장 흔하게 볼 수 있는 열매이지요. 크기가 롱콩보다 더 큰 것을 두쿠라고 하고요.

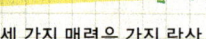
열매의 모양 ▶

▼ 열매 가로단면

▲ 시장에서 파는 열매(태국)

▲ 열매송이(인도네시아)

▲ 껍질을 벗기면 나오는 반투명한 부분을 먹는다.

▲ 나무에 달린 열매(필리핀)

열량(100g당) * 166kcal

영양성분(100g당) * 탄수화물 15.3g, 지방 0.1g, 단백질 0.9g, 식이섬유 0.3g, 재 0.3g, 물 82g

레몬 Lemon

과일박사의 맛점수

학명
Citrus limon (L.) Burm. f.
(귤과)

지역명
레몬(lemon)

기원지
인도 북서부 펀자브지방

재배지
아시아, 아프리카,
아메리카의 열대 및 아열대
지역

유통시기
연중

모양 여러분도 잘 아시다시피 갸름하면서 끝이 약간 볼록하게 나온 형태로 7~12cm크기의 예쁜 연노란색 과일이지요. 껍질은 두꺼운 편이고, 속 알맹이가 8~10조각 들어 있는데 신맛이 아주 강하게 나죠.

이용 및 가공 레몬의 신맛 때문에 생과일로 먹기보다는 주로 레몬 주스, 칵테일, 음식 조리, 향신료 등에 많이 이용되는데, 무엇보다도 레몬의 상큼한 향과 새콤한 맛은 한 방울로도 음식의 맛을 좌우할 정도로 유용하게 쓰이죠. 그 매력적인 향은 화장품 제조에도 쓰이는 등 우리 생활에서 정말 활용도가 높답니다.

만다린라임(Mandarine lime, Rangpur, *C. x limonia*) - 방글라데시에서 기원한 레몬과 귤의 잡종이에요. 모양은 작은 귤처럼 생겼는데 매우 신맛이 나서 라임 대용으로 이용하지요.

과일박사의 생생정보

레몬이 세계인의 사랑을 받기까지…

이름만 들어도 입에서 침이 고이는 새콤한 과일의 대명사 레몬은 인도 북서부와 파키스탄 펀자브지방이 기원지로 알려져 있습니다. 200년경에 이탈리아로, 700년경에는 이집트, 이라크에도 전파되었으며 1000년경에는 시칠리아, 중국 등지로 전파됐습니다. 신대륙에는 콜럼버스가 두번째 항해에 레몬 씨를 서인도제도로 가져갔다는 기록이 있어요. 그후에 중남미지역으로 널리 퍼지게 되었고요. 레몬은 열대와 아열대 기후에서 잘 자라며, 연중 수확이 가능합니다. 현재는 세계인의 사랑을 받는 과일로 많은 요리에 사용되고 있습니다.

▶ 열매 가로단면

▲ 시장에서 파는 열매(브라질)

▲ 레몬(위)과 라임의 비교

▲ 나무에 달린 덜 익은 열매

▲ 만다린라임

열량(100g당) ＊27kcal

영양성분(100g당) ＊탄수화물 8.2g,
지방 0.3g, 단백질 1.1g, 식이섬유 0.4g,
재 0.3g, 물 90.1g, 비타민A·C, 칼슘, 인

로젤 Roselle

과일박사의 맛점수

7.2~7.8
음료

학명
Hibiscus sabdariffa L.
(아욱과)

지역명
영로젤(roselle)/소렐(sorrel)/
자메이카소렐(jamaica
sorrel)/인디언소렐(indian
sorrel), 태크라재압,
라솜폴디, 인로셀라,
말아삼파야/아삼수술,
미친바웅, 중류오산화(洛神花,
玫瑰茄), 호로셀라,
나이조보로도, 세네갈 등
인접국비샵, 북아프리카,
아랍칼카데, 중남미소렐/소릴

기원지
인도에서 말레이시아에
이르는 지역

재배지
중국, 태국, 수단, 세네갈,
멕시코, 이집트, 탄자니아,
자메이카, 호주, 브라질, 인도

유통시기
북반구 아열대지역 11~12월

모양 생과일은 주로 꽃받침과 그 밑의 작은 받침들이 대부분을 차지하는데요. 안토시아닌 색소가 풍부하게 들어있어 검붉은색이 납니다. 다섯 손가락 모양의 뾰족하고 긴 돌기로 된 꽃받침과 그 꽃받침 아래에 8~12개로 나뉘어 있는 작은 조각 받침들로 이루어져 있어요. 이것들을 다 벗겨내야 그 안에 둥그런 열매가 들어있는 것을 볼 수 있지요.

맛 열매, 꽃받침, 씨를 모두 먹을 수 있고요. 꽃받침은 씹히는 맛이 있으면서 신맛과 단맛이 나고 블루베리의 풍미도 있답니다.

이용 및 가공 동남아시아, 중남미, 아프리카 시장에서 생과일이나 말린 것을 팔고, 유럽이나 북미에서는 주로 건조열매를 파는데 간혹 생과일도 유통됩니다. 꽃받침을 다른 녹색 채소처럼 요리해 먹거나 여러 과일들과 함께 샐러드로도 먹어요. 카리브해, 멕시코, 말레이시아 등지에서는 로젤 음료를 비타민C와 안토시아닌이 풍부한 건강음료로 즐기고 있지요. 열매는 차, 음료, 주스, 아이스크림, 시럽, 잼, 셔벗, 식품 첨가물, 젤리 등 다양하게 이용하고 있고, 씨는 종자유로 이용하고 있어요. 로젤 시럽을 럼주나 칵테일 제조에 이용하고, 붉은 천연색소를 식품 첨가물로 널리 활용하고 있답니다.

▶ 로젤 주스

▲ 시장에서 파는 열매(말레이시아)

▲ 꽃

▲ 나무에 달린 열매

열량(100g당) ＊28kcal

영양성분(100g당) ＊탄수화물 5.8g,
지방 2.6g, 단백질 1.2g, 식이섬유
12.0g, 재 6.9g, 물 9.2g

25 환상적인 열대의 맛
리치 Lychee

학명
Litchi chinensis Sonn.
(무환자나무과)

지역명
영리치(lychee, litchi)/
라이치(laichi)/ 리추(lichu)

기원지
중국 남부, 베트남 북부

재배지
중국 광둥성, 인도, 태국
북부, 베트남, 방글라데시,
네팔, 필리핀, 남아프리카,
마다가스카르, 지중해 연안,
미국 플로리다·캘리포니아,
호주, 브라질

유통시기
중국 남부 3~5월, 동남아시아
3~6월, 미국 남부·유럽
12~2월, 호주 10~1월, 브라질
12~3월

모양 3~6월경 중국 남부, 태국, 베트남 등을 여행하다 보면 지름이 3~4cm 정도 되는 작고 둥근 열매를 쌓아 놓고 파는 걸 보게 되지요. 표면이 우둘투둘하고 껍질이 붉은색인 것이 리치입니다.

맛 단맛이 많아 신맛은 거의 느낄 수 없을 정도이고, 리치만의 특유한 마늘 향이 약하게 납니다. 수분 보충을 할 수 있는 달고 맛있는 과일입니다. 우리나라는 중국요리 레스토랑에서 가끔 후식으로 제공되는데, 냉동된 것을 수입한 것이라 겉껍질이 짙은 갈색으로 변해 있습니다. 신선도는 떨어지지만 맛에는 별 영향이 없어서 괜찮아요.

고르기 현지에서 생과일을 고를 때 갈색으로 변한 것은 오래된 것이니까 피하시고, 붉은색이 짙으면서 광택이 나는 것이 싱싱한 것입니다. 가운데 들어있는 둥글고 단단한 씨는 검은색이거나 갈색으로 투명한 속살에 비치는데요. 씨가 좀 작고 속살은 많은 품종이 먹을 것이 많아 좋습니다. 하지만 맛이 더 좋은 것은 아니랍니다.

껍질 벗기기 껍질은 얇아서 엄지와 검지로 누르면서 벌리면 잘 벗겨지는데 그 안에 들어 있는 반투명한 흰색의 속살을 먹으면 돼요. 여행 다니면서 별다른 도구가 없어도 되니 먹기 편합니다.

이용 및 가공 생과일은 실온에서 유통기간이 비교적 짧아요. 냉동된 생과일이 우리나라의 일부 백화점에서 판매되고 있어요. 먹는 과육 부분만 통조림으로, 과즙은 캔으로 제조한 제품도 맛볼 수 있고, 냉동 건조하여 진공포장하거나 과자류로 제조한 것들도 있답니다.

▲ 시장에서 파는 열매(중국 광둥성)

▲ 열매 세로(왼쪽)·가로단면

▲ 나무에 달린 열매(미국 플로리다)

▲ 진홍빛 열매의 세로단면

열량(100g당) ＊ 66kcal

영양성분(100g당) ＊ 탄수화물(주로 과당, 포도당, 설탕) 16.5g, 지방 0.4g, 단백질 0.8g, 식이섬유 1.3g, 물 82.0g

마닐라타마린 Manila Tamarind

학명
Pithecellobium dulce
(Roxb.) Bentham (콩과)

지역명
영구야모칠(guamachil)/
마닐라타마린(manila
tamarind)/
스위트잉가(sweet inga),
인도쿡둑카풀리/장글자레비/
캄암풀툭, 말아삼밸란다/
아샘론도, 미콰이탄앵,
라캄티드, 말아삼크란지/
아삼트지나, 태마캄텟/
마캄콩, 베메케오/케오타이,
필카마트실/다몰티스/
카마칠리스

재배지
열대 아메리카의 습한
지역, 열대~아열대 반사막
지역, 아프리카, 인도,
동남아시아의 열대지역

유통시기
필리핀 1~2월, 태국 2~4월,
인도네시아 자바 6~8월

모양 중남미나 열대아시아 시장에서 주로 1~4월경에 팔리는 마닐라타마린은 타마린보다 훨씬 작고 콩 껍질이 2개의 봉선을 따라 스스로 벌어지지요. 주로 말린 콩을 껍질째로 파는데 껍질은 녹색이면서 붉은색이 돌고 보통 한 바퀴 굽어 둥그런 모양이고요. 지름은 약 5cm 정도이고 콩이 들어 있는 부분은 봉긋하게 도드라져 있지요. 보통 5~10개 정도가 들어 있어요. 껍질에 있는 두 개의 봉선을 따라 벌어지면서 안에 있는 흰색에서 붉은색에 가까운 속이 보이는데요. 속에 싸인 검은색 씨, 즉 콩도 보이죠. 이 속을 꺼내 한쪽으로 벌리면 씨를 쉽게 꺼낼 수가 있어요. 싱싱한 속은 바로 먹을 수 있습니다.

맛 약간 달거나 아무 맛이 안 나는데 후숙이 되면 흐물거리면서 신맛도 나지요. 달고 신맛이 나는 속은 그대로 먹고 씨는 주로 볶아서 먹어요.

이용 및 가공 가루로 만들어 카레가루로 이용해요. 날것의 속을 다른 과일과 함께 갈아 주스를 만들기도 합니다. 마닐라타마린의 꽃은 많은 양의 꿀을 생산하며 품질도 좋고, 종자유는 식용유로 이용된답니다.

▲ 시장에서 파는 열매(태국)

▲ 열매의 먹는 부위

▲ 나무에 달린 열매

열량(100g당) * 78kcal

영양성분(100g당) * 탄수화물 18.2g,
지방 0.4g, 단백질 3.0g, 식이섬유
1.2g, 재 0.6g, 물 77.8g

27 자꾸만 손이 가는 고소함
마카다미아 *Macadamia*

과일박사의 맛점수

8.5

학명
Macadamia integrifolia
Maiden & Betche
(프로테아과)

지역명
영마카다미아(macadamia)

기원지
호주 퀸즐랜드

재배지
열대아시아, 아프리카,
남아메리카의 저지대, 미국
하와이, 호주 퀸즐랜드 동부
해안·뉴사우스웨일즈주
북동부 해안

유통시기
연중

맛 정말 맛있어요. 전 지금도 캔에 든 양념 마카다미아가 눈에 들어오는데, 한번 먹기 시작하면 작은 거 한 통은 금방 뚝딱할 것이 뻔해서 참고 있어요. 맛은 있지만 칼로리가 높거든요.

껍질 벗기기 특별한 도구가 없다면 단단해서 절대 깰 수 없기 때문에 대체로 공장에서 껍질을 벗기고 알맹이만 가공해서 유통하죠. 껍데기를 깨서 먹을 수 있는 동물은 아마 없을 거에요. 마카다미아가 자연 발아하려면 자연 산불이 필요하다고 해요. 얼마나 맛있고 귀하길래 이렇게 자기 보호를 위해 진화가 됐을까 경이롭기까지 합니다.

이용 및 가공 껍질을 제거한 마카다미아 너트를 볶거나 가공 처리하여 일정한 무게 단위로 포장지나 캔에 넣어 유통합니다. 너트에 다양한 모양으로 초콜릿을 입힌 마카다미아 초콜릿이 판매되기도 하고요. 과자, 쿠키 등에도 마카다미아 너트가 들어간 제품이 있습니다.

과일박사의 생생정보

마카다미아 기원지는 어디?

고소한 마카다미아 너트, 좋아하시는 분 많죠? 저도 여행지에서 돌아올 때는 초콜릿을 둥글게 입힌 마카다미아 너트를 사와서 선물도 하고 집에서 간식으로 먹는 걸 좋아합니다. 많은 분들이 마카다미아를 하와이산인 줄로만 아시던데요. 사실은 호주가 기원지이며 최대 생산지도 호주랍니다. 마카다미아는 서양인들이 호주에 들어가기 전부터 원주민들이 먹었는데, 호주에 정착한 초기 과학자 맥아담(John MacAdam)의 이름을 따서 마카다미아라는 명칭이 붙은 것이에요. 현재는 호주 동북부와 뉴질랜드, 하와이 큰 섬에 대규모 생산농장이 있습니다. 그곳을 방문하면 지름 2~3cm 정도의 단단한 마카다미아 너트를 껍질째 팔기도 합니다. 호주나 하와이에 갈 기회 있다면 마카다미아 농장과 공장을 꼭 한번 다녀오세요.

▲ 나무에서 떨어진 열매(미국 하와이)

▶ 시장에서 파는 안 깐 열매(호주)

▲ 시장에서 파는 깐 열매

▲ 나무에 달린 덜 익은 열매

▲ 마카다미아 너트를 가공한 제품들

열량(100g당) ＊718kcal

영양성분(100g당) ＊탄수화물 7.2g,
지방 75.8g(불포화지방산 64.0g),
단백질 7.9g, 식이섬유 8.6g, 물 1.4g

28 황금색의 유혹
마프랑 Marian Plum

과일박사의 맛점수

9.0

학명
Bouea macrophylla Griffith (옻나무과)

지역명
필, 영간다리아(gandaria)/마리안플럼(marian plum), 인간다리아/라마니아, 말렘부니아/쿤당, 태마프랑/솜프랑/마용

재배지
인도네시아, 태국 남부

유통시기
3~6월

모양 이름부터 조금은 생소한 과일이죠? 3~6월 사이에 태국, 인도네시아, 말레이시아에 여행을 가면 상인들이 시장에서 계란처럼 생긴 황금색 열매를 파는 걸 볼 수 있어요. 짙은 노란색의 잘 익은 살구 같은 황금색 과일이에요. 흔히 줄기와 잎이 달린 마프랑을 여러 개로 묶어서 팔죠. 망고와 같은 과에 속하므로 망고처럼 가운데에 씨 하나가 있는데, 씨가 좀처럼 안 떨어지는 망고와 달리 씨가 잘 빠져요.

맛 우리나라 사람들 입맛에 아주 잘 맞는 맛있는 과일이라고 자신 있게 추천합니다. 씨는 살짝 떫은맛이 나는데 그 안의 색깔이 보라색이라서 상인들은 아예 칼로 반을 잘라 투명 비닐봉지에 넣어 팔기도 하지요. 황금색 속살과 선명한 보라색, 그걸 보면 '아, 자연의 색이 이토록 아름다울 수가…'라는 말이 절로 나와요. 망고와는 완전히 다른 맛으로 달고 물도 많아 씹는 느낌이 아주 좋은 과일이니 꼭 한번 맛보세요. 단점이라면, 맛이 좋아서인지 좋은 품질의 망고보다 가격이 더 비싸다는 것입니다. 그럼에도 불구하고 저는 꼭 사먹는답니다. 황금색 마프랑의 유혹, 생각보다 강하거든요.

껍질 벗기기 마프랑은 껍질째 열매를 벌려 속을 먹고 씨도 쉽게 뱉을 수 있어 10개 정도는 후딱 먹게 된답니다.

이용 및 가공 마프랑은 생과일로 먹거나 잼, 젤리, 주스, 시럽 등 가공한 제품을 먹을 수 있어요. 어린 열매는 삼발이라는 칠리 소스의 주재료가 되고, 어린 잎은 샐러드의 재료로 이용된답니다. 성숙한 씨 또한 먹을 수 있어 버릴 것이 없는 과일이에요.

▲ 열매 송이 묶음(태국)

▲ 시장에서 파는 열매(태국)

▲ 열매 세로단면

▲ 가지에 달린 열매

열량(100g당) ＊ 19kcal

영양성분(100g당) ＊ 탄수화물 11.3g,
지방 0.02g, 단백질 0.04g, 식이섬유
0.15g, 재 0.02g, 물 86.6g

말라카사과 Malacca Apple

과일박사의 맛점수

6.4~6.6

학명
Syzygium malaccense
Merr. & Perry (도금양과)

지역명
영말라카애플(malacca apple)/말레이애플(malay apple)/마운틴애플(mountain apple), 인도자만, 말밤부볼/잠부메라, 인잠부볼, 미타뇨타비앙, 캄참푸, 태촘푸마미에오/촘푸댕, 필얀바/마호팡칼라바오, 베케이다오/케이로이, 중말레이푸타오(馬六甲蒲逃)

기원지
말레이반도의 말라카 해협 인근 말라카지역

유통시기
말레이시아 4~5월/8~9월, 자바 8~9월, 인도 5~7월/ 11~12월

모양 말라카사과는 지역시장에서도 그리 흔히 볼 수 있는 것은 아니에요. 주로 타원형 혹은 달걀형의 진한 붉은색이 나는 길쭉한 사과 모양의 과일입니다. 주로 붉은색이지만 가끔은 연녹색이거나 연노란색인 것들도 있어요. 자바사과와 비교해 본다면 말라카사과가 약간 더 큽니다. 가끔 모양이 서양배 모양이더라도 자바사과처럼 가운데가 잘록하지는 않고요. 열매 끝에 붙은 꽃받침 부분이 자바사과보다는 작은 것이 특징이죠. 껍질은 광택이 나면서 얇고요. 먹을 수 있는 속살 부분은 흰색이지만 껍질 근처 부위가 살짝 붉은색이 돌아요. 전체 속살 두께는 1.5~2cm 정도에요.

맛 신맛과 단맛이 약간은 나지만 한마디로 별 맛이 안 나는 사과 맛입니다. 하지만 물이 워낙 많아서 갈증해소에는 딱 좋답니다. 질감은 약간 푸석푸석합니다.

이용 및 가공 생과일로 먹고 조리용으로 이용해요. 열매는 표면이 부드러워 조심스럽게 다루어야 하고, 유통 과정 중 쉽게 상처를 입을 수 있습니다. 말라카사과로 잼, 젤리, 시럽, 크림, 디저트 등을 만들 수 있지요. 시장에서 말라카사과의 잎을 사고 파는데 이 잎이나 열매를 발효시켜 와인 제조에 사용합니다. 푸에르토리코에서는 붉은색 말라카사과를 갈아 발효시켜 레드와인을 만든다고 하네요.

과일박사의 생생정보

왜 이름이 말라카사과일까?
말라카사과는 사과와 모양이 비슷하고, 원래 말라카해협 인근에서 많이 재배하여 말라카사과라고 부르게 되었답니다. 하지만 수분이 정말 많아서 말라카사과보다는, 제가 이름을 붙이자면 '말라카물사과'가 적당한 이름이 될 것 같아요.

▲ 시장에서 파는 열매(인도네시아)

▲ 시장에서 파는 열매(태국)

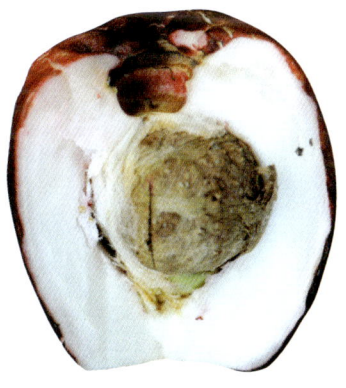

▲ 열매 세로단면

▲ 꽃

열량(100g당) ＊30kcal

영양성분(100g당) ＊탄수화물 14.2g, 지방
0.1~0.2g, 단백질 0.5~0.7g, 식이섬유
0.6~0.8g, 재 0.26~0.39g, 물 90.3~91.6g

말레이시아포도 *Kepundung*

과일박사의 맛점수

8.8

학명
Baccaurea racemosa
(Reinw.ex Bl.) Müll. Arg.
(여우주머니과)

지역명
영카푼둥(kapundung),
인멘테/멘텡/케푼둥/벤코이,
말멘테/케푼둥/진테메라

재배지
태국 남부, 말레이반도,
인도네시아

유통시기
태국 2~3월,
말레이시아·인도네시아
1~4월

모양 시장에서 말레이시아포도를 파는 걸 보면 밝은 노란색 혹은 오렌지색으로 크기는 거봉포도 알갱이 정도 되는 열매가 한 가지축에 3~10개쯤 매달려 있습니다. 여러 축을 묶어서 파니까 멀리서 보면 엄청 주렁주렁 달린 것으로 보이죠. 말레이시아포도는 겉에 3개의 봉선이 있어서 완전히 동그란 모양보다 약간 삼각형에 가까운 둥근 형태입니다. 포도 껍질 안에는 3조각의 살짝 푸른빛을 띤 적갈색의 알맹이가 있어요. 야생형은 완전히 푸른색이고 재배형이 적갈색이에요. 3조각의 알맹이가 들어있는 게 보통인데 어쩌다 1, 2조각인 것도 있고 정말 드물게는 4~6조각인 것도 있어요.

맛 먹어 보면 독특한 파인애플 향이 나면서 신맛, 단맛이 동시에 강하게 나죠. 신맛과 단맛의 강도가 진하게 느껴져 과일보다는 보약을 먹는 기분이라 할까요? 후숙이 충분히 된 후에 먹으면 신맛은 줄어들고 단맛이 증가하여 더욱 맛있답니다.

껍질 벗기기 말레이시아포도 겉에 있는 봉선을 따라 벗기면 쉽게 벗겨집니다.

이용 및 가공 생과일은 비타민C와 식이섬유가 풍부합니다. 몸에 좋아 자주 먹고 싶은데 유통되는 곳이 많지 않아 지역시장에서만 가끔 만날 수 있는 단점이 있지요. 열매는 술을 빚거나 말려서 약용으로도 이용한답니다.

▶ 열매 송이 묶음

▲ 시장에서 파는 열매(말레이시아)

▲ 세 조각으로 나뉜 알맹이

▲ 시장에서 파는 열매(태국)

열량(100g당) * 36~39kcal

영양성분(100g당) * 탄수화물 51.9g,
지방 0.7g, 단백질 5.6g, 식이섬유
20.4g, 재 3.9g, 물 35.6g

31 알록달록 내 사랑
망고 Mango

과일박사의 맛점수

7.6~9.0

학명
Mangifera indica L.
(옻나무과)

지역명
영망고(mango), 인, 말망가/
앰팰람, 미타리에티, 캄사비,
라망스, 베조아이

재배지
열대 및 아열대 지역

유통시기
열대지역 연중

모양 망고는 끝부분이 좁아지면서 좌우가 비대칭인 과일로 우리에게도 상당히 친숙하지요. 우리나라에서는 생과일보다 주로 주스, 혹은 향을 이용한 가공식품으로 소비되는 편인데 사실 망고는 세계 열대, 아열대를 통틀어 가장 널리 재배되는 과일이랍니다. 국가나 지역별로 1,000여 품종이 재배되고 있어 크기만 하더라도 작은 달걀 크기부터 길이 30cm까지 다양합니다. 색도 녹색, 노란색, 주황색, 붉은색 등으로 여러 가지입니다. 녹색은 좀 딱딱하고, 후숙이 될수록 노란색이나 붉은색이 되면서 향이 강해지고 물러지지요. 붉은색 망고는 익어도 딱딱한 편이고요.

맛 품종에 따라 당도와 향이 각각 다르고 사람마다 취향이 다르기 때문에 어느 품종이 본인의 입맛에 맞는지 알아두면 실패 없이 망고를 즐길 수 있겠죠?

껍질 벗기기 얇은 껍질을 칼로 벗겨내고 먹는데 가운데에 크고 넙적한 씨가 있기 때문에 넙적한 부분과 평행하게 잘라야 먹기 편해요. 씨는 촘촘한 섬유질로 덮여 있고 망고 살과 딱 달라붙어 있어서 칼로 주변을 크게 도려내고 먹는 수 밖에 없어요. 씨에 붙은 살이 아까우면 들고 빨아 먹든 갈비처럼 뜯어 먹든 해야 해요. 저도 늘 과즙을 줄줄 흘리다가 옷을 버리곤 하는데 커다란 씨에 잔뜩 붙은 망고 살, 요거 포기하기가 쉽지 않네요. 참! 옻나무과 식물이라 옻나무에 알레르기가 있다면 주의해야 해요.

이용 및 가공 주로 생과일로 많이 먹고 건조과일, 절임 과일로도 먹어요. 망고를 가공해서 주스, 아이스크림, 잼, 쿠키, 파이, 칩 등 매우 다양한 제품으로 만듭니다. 건조시켜 만든 망고 가루는 요리에 많이 쓰여요.

▶ 납작하게 생긴 씨

▶ 먹기좋게 자른 속살

▲ 시장에서 파는 붉은색 품종(미국)

▲ 미국 플로리다 품평회에 나온 다양한 망고 품종

▲ 바구니에 담긴 열매

▲ 시장에서 파는 연두색 품종

▲ 시장에서 파는 진한 주황색 품종

▲ 나무에 달린 열매

▲ 시장에서 파는 노란색 품종(싱가포르)

열량(100g당) ＊53~83kcal

영양성분(100g당) ＊탄수화물 13.2~20g,
지방 0.1~0.3 g, 단백질 0.3~0.8g, 식이섬유
0.6~1.8g, 재 0.5g, 물 78~85g, 비타민A, 인

망고스틴 Mangosteen

과일박사의 맛점수

9.2~9.5

학명
Garcinia mangostana L.
(물레나물과)

지역명
영망고스틴(mangosteen),
인 망밍구트, 라밍쿠드,
필 망구스탄, 태 망구트

재배지
말레이시아, 미얀마, 베트남,
인도네시아, 필리핀, 태국,
스리랑카, 인도

유통시기
동남아시아 6~8월(10월까지
유통되는 지역도 있음),
스리랑카 5~9월, 인도
4~10월, 브라질 12~4월, 태국
5~10월

맛 망고스틴은 '과일의 여왕'이라 불릴 만큼 정말 맛있답니다. 이 세상에 맛있는 과일이 얼마나 많은데, 그 중에서 '여왕'이라는 영광스러운 호칭까지 얻었을 정도이니 맛점수가 그리 과장은 아닌 것 같죠? 약간 신맛이 나지만 단맛이 워낙 강해서 신맛은 거의 느껴지지 않습니다.

고르기 짙은 붉은색에 윤기나는 것을 고릅니다. 덜 익었을 때는 노란색이고 익어 가면서 점점 붉은색으로 변하기 때문입니다. 하지만 잘 익은 망고스틴이라도 오래 두면 내부가 딱딱해져서 먹을 수 없는 경우가 많습니다. 색으로만 판단하지 말고 살짝 눌렀을 때 약간 탄력이 있으면서 조금 들어가는 듯한 것을 고르면 됩니다. 완전히 딱딱한 것은 덜 익었거나 아니면 먹을 수 없는 것입니다. 윤기가 없는 것도 오래된 것이니 피하세요. 크기는 맛과 아무 상관이 없는데, 오히려 작은 것이 먹기에 더 알찬 경우가 많다는 팁을 살짝 알려드릴게요.

껍질 벗기기 망고스틴은 양손의 엄지손톱을 이용해서 과일의 몸통 중간 부분을 꾹 누르면 위아래가 벌어지면서 껍질이 벗겨집니다. 그럼 하얗고 윤기나는 탐스러운 알맹이가 쏙 나옵니다. 손가락에 너무 힘을 주면 껍질이 부서지면서 껍질의 떫은맛이 알맹이에 묻습니다. 맛있는 과즙 대신 떫은맛을 볼 수도 있으니 주의해야 합니다. 여기서 팁 하나 더하자면, 칼로 망고스틴의 가운데 몸통을 가로로 동그랗게 그은 후에 손으로 뚜껑을 벗깁니다. 윗부분의 껍질을 들어내면 비교적 쉽게 탐스런 알맹이만 쏙 얻을 수 있답니다. 알맹이는 마늘쪽처럼 여러 개가 붙어 있는 모양인데 하나씩 떼어 그대로 드시면 됩니다. 큰 조각에는 보통 씨가 들어 있기 쉬운데 이게 잘 떨어지지는 않는 편이니 그냥 씹어 먹어도 괜찮습니다.

이용 및 가공 생과일 외에 통조림, 주스, 캔, 잼, 냉동건조 제품, 웨이퍼 등의 과자류 등도 가공해서 판매합니다.

▶ 열매 가로단면

▲ 시장에서 파는 열매(중국 하이난성)

▲ 나무에 달린 열매

▲ 마늘쪽처럼 나뉜 속살

◀ 꽉찬 열매 속살

열량(100g당) ＊73kcal

영양성분(100g당) ＊탄수화물 18g,
지방 0.6g, 식이섬유 1.8g, 물 81g

매마등 Melinjo

과일박사의 맛점수

5.2
생과일

7.6~7.8
크래커

학명
Gnetum gnemon L.
(매마등과)

지역명
영멜린조(melinjo)/ 인메린조/
베린조/바고/ 말메린자우/
베린자우/ 미후엔비앤/
탄원에/ 필바고/바나고/
태피사이/팍미양/ 베감카이/
싱메린드조/ 피지시카우/수칸/
수칸모투

재배지
인도네시아, 말레이시아,
멜라네시아 섬

유통시기
인도네시아 3~4월/6~7월/
9~10월 3회 수확, 그 외의
지역은 기후에 따라 3~10월
중 1~3회 수확

모양 매마등 종류는 대부분 덩굴성인데 여기 소개하는 종은 높이 10~15m에 이르는 큰키나무입니다. 빨간 핏빛의 방추형 열매가 꽃대에 층층이 돌려납니다. 성숙한 열매는 길이 2~4cm정도입니다. 매마등은 이 책에 나오는 유일한 겉씨식물입니다. 같은 겉씨식물인 은행을 떠올리면 열매 구조를 금방 이해할 수 있습니다. 겉에 보이는 빨간 열매는 은행 껍질과 같은 것이고, 안에 있는 큰 방추형 씨는 은행 가운데 있는 딱딱한 흰 씨껍질과 같다고 보면 되는데 은행과 달리 비교적 부드러워 쉽게 으깨진답니다.

맛 생과일을 씹어 보면 떫고 약간 쓴맛이 납니다. 따라서 요리 과정에서 다른 식품을 첨가하여 맛을 내기도 한답니다. 2010년 미국의 버락 오바마 대통령이 인도네시아를 방문했을 때 매마등 요리를 먹고 칭찬했다는 일화가 있습니다. 인도네시아에 갈 기회가 있다면 매마등 크래커를 꼭 맛보세요. 열매와 잎에는 레스베라트롤이라는 폴리페놀이 다량 함유되어 항박테리아, 항산화제 역할을 하므로 음식물의 천연방부제로 쓰이고, 식사 때 입맛을 돋우는 전식으로 이용한답니다.

이용 및 가공 과일박사는 캄보디아, 중국 남부, 라오스, 태국, 보르네오, 말레이시아, 파푸아뉴기니 숲에서 야생하는 매마등의 빨간 열매를 여러 번 본 적이 있습니다. 이들 지역은 대부분 매마등을 소량 채취하여 지역시장에서 유통합니다. 그러나 인도네시아에서는 유일하게 시장에서 널리 유통되며, 매마등 열매를 이용한 다양한 먹거리가 판매되기도 합니다. 시장에 가보면 꽃대에 달린 채로 덜 익은 녹색 열매를 광주리에 담아 저울로 무게를 달아 팝니다. 완전히 성숙한 빨간 열매보다는 덜 익은 푸른색, 노란색 열매가 더 부드러워 꽃대와 모두 함께 갈아서 요리합니다. 말려서 건조가루로 이용하거나 과즙은 주스로, 씨는 전체를 갈아서 카레를 만들기도 합니다. 씨, 꽃자루, 잎 등을 다른 주요 식품과 함께 조리에 이용합니다. 또한 인도네시아 사람들은 매마등을 통째로 갈거나 찧어서 개떡 같이 납작하게 만들어 튀기거나 구워 간식으로 또는 주 요리와 함께 먹는답니다. 이를 '메린조 크래커'라고 하는데, 꿀을 가미하여 튀긴 매마등 과자와 함께 인도네시아에서 귀한 간식거리입니다.

▲ 시장에서 파는 열매와 꽃대(인도네시아)

▶ 시장에서 파는 덜 익은 열매
  (인도네시아)

▲ 시장에서 파는 열매(인도네시아)

▲ 나무에 달린 열매

열량(100g당) ＊57kcal

영양성분(100g당) ＊탄수화물 6.6g,
지방 1.5g, 단백질 4.2g, 식이섬유
4.7g, 재 1.3g, 물 81.7g

멕시코사과 White Sapote

과일박사의 맛점수

7.8

학명
Casimiroa edulis La Llave
(귤과)

지역명
영화이트사포테(white sapote)/
멕시칸애플(mexican apple), 스페사포테브랑코

재배지
중남미, 카리브해 연안, 남아프리카, 지중해 연안, 호주

유통시기
중미·카리브해 연안 6~10월, 남아프리카·호주 12~4월, 지중해 연안 10~12월

모양 중남미에서 종종 볼 수 있는 과일입니다. 길거리 판매대에서 연녹색이나 노란색 또는 연한 오렌지색이 나고 모양은 감과 비슷하지만 꽃받침이 없는 열매를 보시면 멕시코사과랍니다. 크기는 어른 주먹만 해요. 큰 나무에 많은 열매가 주렁주렁 열리기 때문에 집 마당에 1~2그루만 있어도 온 가족이 실컷 먹을 수 있는, 맛있고 기특한 아열대성 과일이랍니다.

맛 껍질은 약간 쓴맛이 납니다. 속은 흰색이거나 노란색이 도는 흰색이며 단맛으로 바나나와 아노나를 합친 맛이 납니다. 물이 많고 부드러운 식감이 나는 과일이지만 가운데에 비교적 큰 씨가 3~8개나 있어 먹을 수 있는 부분이 많지 않다는 단점이 있어요. 그래도 과일을 좋아하시는 분께는 권하고 싶은 맛있는 과일이에요.

고르기 살짝 눌러보아 딱딱하지 않고 약간 부드러운 느낌이 드는 것을 고르세요. 부드러워야 후숙이 적당히 되어 맛이 든 것이죠.

껍질 벗기기 칼을 이용해 얇은 껍질을 벗겨 먹으면 되지요.

이용 및 가공 멕시코사과는 파이, 잼, 아이스크림, 스무디, 밀크 셰이크, 샴페인 등의 음식에 사용된답니다.

과일박사의 생생정보

사포테에 숨은 뜻

영어에서 사포테(sapote)란 사포테과(Sapotaceae) 식물의 열매를 통칭합니다. 원래 이 말은 멕시코 나우아틀 언어(아즈텍)에서 기원한 것으로 '부드럽고 단 과일'을 의미합니다. 따라서 계통학적으로 사포테과와는 거리가 먼 멕시코사과(white sapote, 귤과)나 검은감나무(black sapote, 감나무과) 등에도 쓰인답니다. 멕시코사과는 멕시코 원산의 사과맛 나는 과일이라는 의미로 과일박사가 붙인 이름인데, 원산지인 멕시코의 나우아틀어로는 'cochitzapotl'이라고 부릅니다. '잠자는 사포테'라는 뜻으로, 이 열매를 먹으면 잠에 빠진다는 뜻입니다. 실제로 이 과일을 4~5개 먹으면 잠에 취하게 됩니다.

▲ 시장에서 파는 열매(미국 플로리다)

▲ 나무에 달린 열매

▲ 열매 세로단면

열량(100g당) ＊110kcal

영양성분(100g당) ＊탄수화물 12~20g,
지방 0.0g, 단백질 0.1g, 식이섬유 0.9g,
재 0.4, 물 78~89g

멜론 Melon

과일박사의 맛점수

6.8~8.8

학명
Cucumis melo L. (박과)

기원지
아프리카 적도 북부

재배지
열대, 아열대, 온대에 이르는
넓은 지역

유통시기
온대지방 주로 여름철,
아열대지역 봄~가을,
열대지방 주로 우기

모양 우리에게 상당히 친숙하고, 맛이나 향을 좋아하는 분들이 많은 과일 멜론입니다. 우리나라에서도 빙과제품이 오랫동안 인기 있었고, 생과일로도 매우 사랑을 받고 있죠. 그런데 그 씨가 참외와 참 비슷하지 않나요? 멜론종이라면 기본종인 멜론아종뿐만 아니라 참외아종까지 다 포함됩니다. 멜론종은 7~10개의 품종을 포함하고 있는데 그 중 우리가 흔히 들어본 머스크멜론, 칸타루프멜론, 허니듀멜론이 있고, 참외아종에는 2~3개의 다른 종이 있죠. 우선 칸타루프멜론은 열매 표면이 평평하거나 돌기가 있어요. 둥근 모양은 같지만 우리가 흔히 보는 그물망 같은 표면이 아닙니다. 머스크멜론은 둥글고, 표면에 있는 그물망이 특징이며 우둘투둘한 돌기가 없지요. 허니듀멜론은 표면에 그물망이 아예 없거나 있어도 약하게 있으며, 주름이 좀 있긴 해도 튀어나온 돌기는 없지요. 모양은 달걀형이구요. 참외종은 표면이 아예 매끈하고 껍질이 얇으며 원통형이나 달걀형처럼 갸름한 종이 주로 재배된답니다.

이용 및 가공 섭씨 10도에서 머스크멜론, 참외, 칸타루프는 2~3주, 허니듀멜론이나 카사바멜론은 2~3개월까지도 보관이 가능합니다. 멜론은 주로 생과일로 먹거나 샐러드용으로 이용합니다. 주스, 잼, 요구르트, 셔벗, 아이스크림 등으로 가공된 제품도 있어요.

▲ 줄기에 달린 칸타루프 품종 열매

▲ 시장에서 파는 이노도러스 품종(태국)

▲ 열매 세로단면

▲ 시장에서 파는 칸타루프 품종(인도네시아)

열량(100g당) ＊ 머스크멜론 35kcal, 허니듀멜론 35kcal, 카사바멜론 26kcal, 참외 32kcal

영양성분(100g당) ＊
- 머스크멜론 탄수화물 8.4g, 지방 0.3g, 단백질 0.9g, 식이섬유 0.8g, 물 89.8g
- 허니듀멜론 탄수화물 9.2g, 지방 0.1g, 단백질 0.5g, 식이섬유 0.6g, 물 89.7g
- 카사바멜론 탄수화물 6.2g, 지방 0.1g, 단백질 0.9g, 식이섬유 0.8g, 물 92.0g
- 참외 탄수화물 7.8g, 지방 0.1g, 단백질 0.8g, 식이섬유 1.0g, 물 90.8g

36 배와 사과의 만남
모과사과 Quince

학명
Cydonia oblongata Mill.
(장미과)

지역명
영퀸스(quince)/ 마멜로,
스페맴브리오/포르마멜아다,
중원포

기원지
터키, 이란 등의 서아시아

재배지
터키, 우즈베키스탄,
아제르바이잔, 이란,
아르헨티나, 칠레, 페루,
스페인, 알제리, 중국 남부

유통시기
여름~가을, 남미 1~3월

모양 우리나라는 과수로 재배하지 않아서 우리 눈에는 다소 생소한 과일입니다. 크기는 사과나 배 정도입니다. 노란색 열매 표면에 흰 털이 지저분하게 남아있고, 끝이 주둥이 같이 뾰족하게 나온 과일입니다. 얼른 보기에는 배와 사과를 조합한 느낌이고 열매가 다소 울퉁불퉁한 것이 모과 같기도 합니다. 그러나 모과보다 더 둥글고 작으며, 껍질에 지저분한 먼지처럼 잘 떨어지는 털이 있고, 표면이 좀 울퉁불퉁해 보이면서 노란색인 점이 다릅니다. 또한 모과 잎은 가장자리에 잔톱니가 많으나 모과사과 잎은 톱니가 없답니다. 이런 과일을 남미나 서아시아의 시장에서 여름에서 가을에 걸쳐 본다면 모과사과라고 생각하세요. 저는 1~2월 칠레 여행 중에 시장에서 모과사과를 많이 봤답니다. 과일의 껍질은 얇고, 칼로 잘라보면 속이 배와 사과의 중간 정도되지만 물은 적은 과일입니다.

맛 모과사과는 가운데에 사과나 배와 같이 연골질과 씨가 있는데 이 부분을 제외하고 모두 먹을 수 있습니다. 맛은 사과와 배를 섞어 놓은 듯한데 씹어보면 사과나 배에 비하여 물이 적고 입에 걸리는 건더기 부분이 많습니다. 그러나 천천히 씹으면서 먹으면 먹을 만합니다. 이미 사과나 배의 맛에 길들여져 있는 우리에게는 선호도가 밀리는 과일입니다.

이용 및 가공 생과일로 섭취하는 것 외에 잼, 젤리, 푸딩, 와인, 시럽, 파이 제조에 이용됩니다. 모과를 모과차로 만들어 먹으면 향기가 좋듯이 모과사과도 차로 만들면 향과 맛이 좋을 것으로 예상됩니다. 모과사과는 펙틴 성분이 많고 향기가 있어서 잼이나 젤리 제조에 특히 많이 이용해요.

▶ 둥근 모양의 열매

▲ 시장에서 파는 열매(페루)

과일박사의 생생정보

세계곳곳에서 자라는 모과사과

모과사과가 꼭 열대과일인 것만은 아니랍니다. 아열대, 남부 온대지역, 지중해기후에서도 재배가 가능한 과수입니다. 현재는 사해지역의 서아시아, 남미의 시장에서 흔히 볼 수 있고, 중국 남부에서도 가끔 시장에 유통됩니다. 과거에는 남부 유럽 및 미국 동남부에서 사과보다 더 널리 재배한 적도 있었답니다.

▲ 털을 제거한 열매

◀ 열매 세로단면

열량(100g당) ＊ 57kcal

영양성분(100g당) ＊ 탄수화물 15.3g, 지방 0.1g, 단백질 0.4g, 식이섬유 1.9g, 물 83.8g, 비타민A

37 화려한 변신
무화과 Fig

과일박사의 맛점수
8.2~8.8

학명
Ficus carica L. (뽕나무과)

지역명
영피그(fig), 스페이고(higo)
프피그(figue),
독페이게(feige),
이탈피코(fico),
중우화거(無花果)

기원지
아라비아반도

재배지
이집트, 터키, 지중해 연안,
중동, 아시아, 아프리카,
아메리카

유통시기
열대지방 연중 수확,
아열대지역 5~6월, 12~1월
2번 수확, 난대지역 1번 수확.
우리나라 8~10월

모양 무화과는 꽃이 없는 과일이라는 한자어인데, 실제로 꽃은 있지만 꽃받침에 둘러싸여 우리가 볼 수 없을 뿐입니다. 우리나라에도 무화과가 난다는 것을 알고 계신가요? 주로 전남 영암 시장에서 8~10월경 짧은 기간 동안 유통되지요. 어린아이 주먹 정도 크기의 둥글면서 약간 삼각형인 모양입니다. 색깔은 품종에 따라 녹색이면서 노란색이 나는 것, 붉은색이면서 좀 어두운 색이 나는 것 등 매우 다양한 편인데요, 꽃받침, 꽃, 씨가 함께 과일로 변한 형태라고 하여 '복합과'라 부르기도 해요. 해바라기의 노란 꽃잎들이 가운데로 둥글게 모여 닫혀서 그 안에 많은 해바라기 씨들이 갇혀 있는 형태와 비슷하다면 이해하기 쉬울까요? 잘 익은 무화과는 표면이 매우 부드럽고, 상처가 나면 그 부위에 유즙이 많이 배어 나와요.

맛 무화과는 달면서도 독특한 풍미가 혼합된 진한 맛이 나지요.

이용 및 가공 무화과는 생과일로 먹거나 건조과일로 먹어요. 생과일은 오랫동안 저장이 힘들지만 냉동보관하면 몇 개월도 괜찮아요. 이것을 얼려서 아이스크림처럼 먹어도 맛있답니다. 생과일은 잼, 셔벗, 아이스크림, 과자, 제빵 등을 만드는 데도 유용해요. 무화과는 영어로 피그(fig)인데 미국의 '뉴톤피그'라는 과자는 무화과 잼이 가운데 들어 있습니다. 150년 이상의 제조역사를 갖고 있으며 세계적으로 사랑 받는 과자예요. 또한, 무화과로 술을 빚기도 한답니다.

과일박사의 생생정보

생과일과 건조과일은 서로 다른 품종
생과일로도 먹고 건조과일로도 많이 소비되는데 품종은 각각 다르지요. 우리나라와 동남아시아의 열대지방에서는 생과일 품종이 주로 재배되고, 미국 캘리포니아, 중동, 인도 등지에서는 건조과일 품종이 생산돼요. 우리나라도 건조시킨 무화과를 많이 수입하고 있어요.

▲ 시장에서 파는 열매(브라질)

▶ 열매 세로단면

▲ 시장에서 파는 검은색 품종(페루)

▲ 나무에 달린 열매

Wikimedia

◀ 무화과로 만든 과자 제품,
뉴톤피그(미국)

열량(100g당) ＊80kcal

영양성분(100g당) ＊탄수화물
17.1~20.3g, 지방 0.3g, 단백질 0.1g,
식이섬유 1.2~2.2g, 물 77.5~86.8g

물사과 Water Apple

학명
Syzygium aqueum (Burm.
f.) Alston (도금양과)

지역명
영워터애플(water
apple)/벨푸릇(bellfruit),
말잠부에어, 인드잠부에어,
미타뇨타비앙,
태촘푸파, 필탐비스,
중수리안우(水蓮霧)/
수푸타오(水通逃)

기원지
인도 남부에서 말레이시아
동부에 이르는 지역

재배지
인도, 인도네시아,
말레이시아, 태국, 베트남,
캄보디아, 라오스, 미얀마,
필리핀, 카리브해 인근

유통시기
말레이시아 봄과 가을,
인도네시아 8~11월(주
생산시기가 아니더라도
지속적으로 소규모
생산되므로 동남아
시장에서는 연중 구입 가능)

모양 물사과는 자그마한 크기에 지름 2.5cm, 길이 1.5cm 정도 되는 서양배 모양, 혹은 표주박 모양으로 생긴 사과 빛깔의 열대과일이에요. 작은 사과 같지만 식물학적으로는 전혀 다른 식물이고요. 과일 맛도 다르답니다. 물사과는 자바사과보다 더 밝은 홍색이며 끝에는 꽃받침 부분이 붙어있고 과일 속 한가운데에는 1~2개의 작은 씨가 있지요.

맛 껍질 안쪽의 속살은 아주 연하면서 붉은빛이 도는 흰색인데 스펀지 같이 구멍이 숭숭 있어서 식감도 왠지 푸석할 것 같지만 그렇지 않습니다. 오히려 나무에서 금방 따온 것처럼 단단하면서도 물이 많고 약간의 단맛과 함께 신맛이 느껴지지요. 별 맛이 안 나는 밍밍한 자바사과보다 맛있고요. 떫은맛과 신맛은 적고 더 달아요. 목이 마를 때 먹으면 수분이 많아 정말 좋아요. 건조한 기간이나 겨울철에 수확하면 수분 함량이 낮고 당도가 높아 맛이 더 좋지요.

이용 및 가공 생과일로 먹거나 소금에 절여 먹기도 하며 다양한 소스를 곁들여 샐러드 및 음식을 조리할 때 사용합니다.

▲ 시장에서 파는 열매

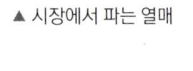
▲ 시장에 가지런히 쌓아 놓은 열매

▲ 시장에서 파는 열매(인도네시아)

▲ 나무에 달린 익은 열매

▲ 나무에 달린 덜 익은 열매

◀ 열매 세로단면

열량(100g당) ＊43kcal

영양성분(100g당) ＊탄수화물 11.8g,
지방 0.2g, 단백질 0.6g, 식이섬유
0.9g, 재 0.4g, 물 87g

39 누구나 즐기는 열대과일
바나나 *Banana*

과일박사의 맛점수

6.2~8.8

학명
Musa acuminata Colla x
M. balbisiana Colla (= *M. x
paradisiaca* L.) (바나나과)

지역명
영바나나(banana)/
플랜테인(plantain),
캄칙남바, 인, 말피샹,
라키아이자, 미내표타,
태그루아이, 베추오이

재배지
최저온도 섭씨 15도 이상,
연평균기온 섭씨 20도 이상,
강수량 1,500mm 이상인
열대~아열대 지역

유통시기
적도 인근 열대지역·
동남아시아 연중

맛 과일 중 가장 널리 알려지고 사랑 받는 과일은 바나나가 아닐까요? 대부분 인공합성향으로 대체되긴 하지만 바나나향은 가장 대중적으로 쓰이는 향입니다. 과거에는, 우리나라에서 부자가 아니면 먹을 수 없을 정도로 귀한 과일이었지만 지금은 누구나 흔하게 즐길 수 있는 과일이 되었으니 고마운 일이죠. 그래도 열대지방으로 여행을 간다면 꼭 현지에서 먹어보세요. 농촌지역의 나무에서 자연적으로 숙성된 바나나나 시장에서 파는 야생에 가까운 바나나는 여태껏 알고 있던 바나나의 맛과 향을 훨씬 뛰어넘습니다. 우리가 흔히 먹는 바나나는 대단위로 재배해서 익기 전 녹색인 바나나를 줄기 채로 잘라 채취한 것이지요. 유통과정에서 노란색으로 바뀌고요.

이용 및 가공 바나나는 생과일로 먹거나 말려서 건조과일로 먹습니다. 다양한 가공제품으로 만들어서 먹기도 합니다. 과자, 쿠키, 가루, 아이스크림, 셔벗, 바나나향 첨가제 등 바나나의 고유한 맛과 향을 담은 제품이 인기가 많습니다.

과일박사의 생생정보

무궁무진한 바나나의 매력
바나나는 세계적으로 1,000가지 이상의 품종이 재배되고 있을 만큼 모양, 크기, 색깔, 맛, 향이 매우 다양합니다. 바나나가 워낙 널리 재배되다보니 각 지역에 맞게 정착되었기 때문이에요. 여러분도 작고 귀여운 몽키 바나나를 본 적이 있으시죠? 반대로 수십 cm나 되는 큰 것도 있고 삶거나 구워 먹는 종류도 있답니다. 대부분 바나나에는 씨가 들어 있지 않지만 열대지방 농촌에는 간혹 딱딱한 씨가 떡 하니 들어 있는 것도 있습니다. 맘 놓고 먹다가 치아를 다칠 수도 있으니 조심해서 드세요.

▶ 열매 가로단면

▲ 시장에서 파는 열매(중국 광동성)

▶ 구워서 파는 열매

▲ 대량 생산되는 품종

▲ 붉은색 품종

▲ 꽃

열량(100g당) * 89kcal

영양성분(100g당) * 탄수화물 22.8g, 지방 0.3g, 단백질 1.1g, 식이섬유 2.6g, 재 1.0g, 물 66~78g

바나나시계초

과일박사의 맛점수
6.8

학명
Passiflora mollissima
Bailey (시계초과)

지역명
영바나나패션프루트(banana
passion fruit), 멕시, 과테,
볼리쿠루바, 에콰, 페루타스코

기원지
안데스지방

재배지
중남미, 뉴질랜드, 미국
하와이·플로리다

유통시기
적도 인근 연중, 열대 및
아열대 주로 여름철

모양 몽키바나나 아시죠? 바나나시계초는 몽키바나나 정도의 크기이고 생김새도 비슷합니다. 몽카바나나가 진한 노란색이라면 바나나시계초는 옅은 노란색이랍니다. 현지의 계절로 여름부터 초가을에 중남미를 여행하다 보면 시장의 과일가게나 가판대에서 흔히 볼 수 있어요. 특히 안데스 산악지대에 가까운 볼리비아, 페루, 베네수엘라, 칠레, 콜롬비아의 시장에서 많이 만날 수 있답니다. 이들 지역에는 농촌의 울타리에 바나나시계초가 많이 자라는데 빨간 꽃이 정말 아름답습니다. 우선 열매의 크기나 생김새부터 맛있게 보입니다.

맛 바나나시계초를 한입에 덥석 넣었더니 '아이고~' 정말 시답니다. 신맛이 너무 세서 단맛이나 다른 맛을 모두 압도합니다. 신 것 좋아하지 않는 분은 조심하세요.

껍질 벗기기 껍질은 얇고 쉽게 까집니다. 속은 과즙이 많고 색깔도 오렌지색으로 맛있게 보입니다.

이용 및 가공 신맛이 강해서 생과일보다는 믹서기로 갈아서 주스나 셔벗, 아이스크림으로 만들어 먹는 게 보통입니다. 열량이 매우 낮아 다이어트 식품으로도 좋고요. 더운 열대지방에서 청량음료로도 안성맞춤입니다.

과일박사의 생생정보

먹을 때 치아 조심!
이가 튼튼하지 않은 분은 바나나시계초를 먹을 때 조심하세요. 왜냐고요? 보통 시계초 종류는 씨가 작고 잘 씹히는데 바나나시계초의 씨는 크고 딱딱한 편이라 잘 씹히지 않습니다. 그냥 삼키면 넘어가는데 좀 떨떠름하더라고요. 현지인들은 보통 씨째 씹거나 그냥 삼킵니다.

▲ 시장에서 파는 열매(페루)

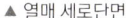

▶ 나무에 달린 덜 익은 열매

▲ 열매 세로단면

▲ 꽃

▲ 열매 가로단면

열량(100g당) * 25kcal

영양성분(100g당) * 탄수화물 6.3g,
지방 0.1g, 단백질 0.6g, 식이섬유
0.7g, 재 0.3g, 물 92g

버마포도 Burmese Grape

과일박사의 맛점수

8.6

학명
Baccaurea ramiflora Lour.
(여우주머니과)

지역명
영버미즈그레이프(burmese grape), 캄푼키우,
인마파이세탐분/타잠몰랙,
라파이, 말푸폴/탐포이/
탬푸이, 미카나조/태마파이/
옴파이/함캉, 베기아우티엔,
중무나이거(木奶果)

재배지
중국 하이난성·윈난성,
라오스, 미얀마, 태국,
캄보디아, 말레이반도

유통시기
태국 6~7월, 중국
남부·인도차이나반도 7~8월

모양 버마포도는 나무줄기에 열매가 바로 붙어 달리는데 동남아 열대 지방의 숲속에서 종종 마주치는 식물이에요. 시장에서 본 버마포도의 생김새는 거봉포도나 랑삿의 작은 알맹이 정도 크기이고, 녹색을 띤 노란색, 오렌지색, 또는 붉은색이 나는 열매입니다. 포도처럼 촘촘히 송이로 달려 있지 않고 축을 따라 듬성듬성 길게 늘어져 달려 있어요. 가까이 가서 보면 표면에는 털이 많고 랑삿과는 달리 꽃받침이 없고요.

맛 알맹이를 먹어 보면 신맛, 단맛이 동시에 강하게 나고 독특한 향이 납니다. 말로 표현하면 머루포도와 파인애플이 섞인 맛을 하나의 과일에서 맛있게 느낄 수 있는 것이지요. 후숙이 충분히 되면 과일 껍질이 봉선을 따라 스스로 벌어지는데 이때가 가장 단맛이 잘 들어 맛있는 때랍니다.

껍질 벗기기 껍질에는 3개의 봉선이 있어 이 선을 따라 손으로 쉽게 벗길 수 있어요. 껍질을 벗겨내면 안에는 6조각의 흰색이 도는 오렌지색 알맹이가 들어있어요.

이용 및 가공 버마포도는 지역시장에 소규모로 유통되는 과일로 대도시의 시장에서는 흔하게 만날 수 없어서 아쉽답니다. 생과일은 비타민C와 식이섬유가 풍부하고 맛도 뛰어나 이용 가능성이 높지만 자연채취가 대부분이고, 생산량이 적어 비교적 고가로 거래됩니다. 지역민들은 열매로 술을 담그거나, 말려서 약용으로 이용하기도 해요.

▶ 시장에서 파는 열매(중국)

▲ 시장에서 묶음으로 파는 열매(중국 윈난성)

▶ 열매 껍질과 알맹이

▲ 줄기에 바로 붙어 달린 열매(캄보디아)

▲ 아직 덜 익은 열매

열량(100g당) ＊36~39kcal

영양성분(100g당) ＊탄수화물 51.9g,
지방 0.7g, 단백질 5.6g, 식이섬유
20.4 g, 재 3.9g, 물 35.6g

42 열대의 슈퍼스타
별과일 Starfruit

과일박사의 맛점수
6.2~8.8

학명
Averrhoa carambola L.
(괭이밥과)

지역명
영카람보라(carambola)/
스타프루트(starfruit), 말,
인배림빙, 필바빙빙, 중양타오,
태마무앵, 라무안, 캄스포,
베크해

기원지
안데스지방

재배지
대만, 말레이시아, 브라질,
인도, 중동, 중국 남부, 호주,
지중해 연안, 아프리카,
남태평양, 미국 남부

유통시기
적도 인근 연중, 인도
9~10월/12~1월, 중국
남부·미국 플로리다
늦여름~초겨울

모양 별처럼 예쁘게 생긴 별과일은 열대아시아 지역을 여행하다 보면 흔하게 볼 수 있습니다. 주로 인가 부근, 사원 근처, 관광지에서 눈에 많이 띄는데요. 두 주먹을 합한 정도 크기의 노란색 별 모양 열매가 나무에 달려있습니다. 나무는 높이 10m 이내의 관목성 식물이고 잔가지가 많습니다. 나무에는 노란색 열매 여러 개가 덩어리로 모여 달려있죠. 덜 익은 열매는 녹색인데 익으면서 노란색으로 변해갑니다. 5개의 날개 끝에 녹색이 약간 남아있을 때쯤 수확합니다. 광택이 나는 열매 표면을 만져보면 약간 우둘투둘해도 거칠지 않고 매끄러운 편이에요. 열매를 가로로 잘라서 보면 완전히 별 모양이라 참 예쁘지요. 그래서 영어로는 스타프루트(star fruit)라고 해요. 과일 속살은 노란빛 나는 상아색이고 그 속에 가끔 회갈색 씨가 있는 경우도 있어요.

맛 물이 많은 편이고 옥살산이 있어 약간의 신맛이 나죠. 단맛이 많이 나도록 개량한 품종도 있는데 당도는 4~7%에 불과해 단맛을 약간 느낄 정도예요. 그러나 신맛이 없고 약한 단맛에 수분이 풍부하여 제가 좋아하는 과일 중 하나예요. 대부분의 과일이 그렇지만 별과일만큼 품종이나 재배조건에 따라 맛의 변화가 큰 과일도 흔치 않은 것 같아요. 동남아시아 별과일은 별로였는데, 하와이에서 재배되는 별과일은 정말 맛있었어요.

껍질 벗기기 껍질을 까지 않고 열매 전체를 먹어요.

이용 및 가공 다 익은 열매는 20도에서 2주, 10도에서 4주 정도 보관이 가능합니다. 생과일로 먹고 샐러드, 조리용, 시럽 및 잼 제조에 이용하고요. 주스 또는 셔벗을 만들며, 절편을 건조하여 유통하기도 한답니다.

열대과일
100가지
맛여행
별과일

▶ 열매 가로단면

▲ 시장에서 파는 열매(태국)

▲ 식당에서 후식으로 그릇에 담아낸 열매

▲ 나무에 달린 열매(미국 하와이)

열량(100g당) ＊35.7kcal

영양성분(100g당) ＊탄수화물 9.38g,
지방 0.9g, 단백질 0.9g, 식이섬유
1.5g, 재 0.5g, 물 89~91g

붉은스폰디아 *Purple Mombin*

과일박사의 맛점수

8.4

학명
Spondias purpurea L.
(옻나무과)

지역명
영퍼플몸빈(purple mombin)/
스패니시플럼(spanish plum), 멕시시루엘라/치아발,
브라시리구엘라/세리구엘라,
필싱구라

재배지
중미, 카리브해 연안, 남미,
필리핀, 말레이시아, 인도,
열대 아프리카

유통시기
자메이카 7~8월(붉은색)/
9~11월(노란색), 브라질
11~4월(붉은색)/
8~9월(노란색), 필리핀·미국
플로리다 6~8월(붉은색)

모양 크기와 모양은 우리나라의 말리지 않은 생대추와 비슷해요. 색도 붉은 대추와 비슷하고 표면에 광택이 있는 것도 비슷합니다. 노란색, 초록색인 것도 있지만 붉은색이 흔하지요. 껍질이 얇아 껍질째 먹어요. 속은 노랗고 씹히는 맛이 있으며, 과즙도 많아 맛있는데 흠이 있다면 씨가 큰 편이라 먹을 게 적다는 점이에요. 정확히 말하면 작은 1~5개의 씨를 감싸고 있는 딱딱한 핵 부분이 크다는 것인데요. 평균적인 붉은스폰디아의 크기가 2.5~4cm인데 비해 씨 부분이 1.25~2cm 정도이니 먹을 수 있는 속살이 적어요. 남미의 시장에서는 비교적 흔하게 유통되고 있답니다.

맛 열매는 파인애플과 망고를 섞은 듯한 맛에 독특한 테르펜 향이 난답니다. 맛있겠다고요? 네. 새콤달콤 맛있어요.

이용 및 가공 스폰디아는 생과일, 껌, 젤리, 주스 등으로 많이 먹어요. 발효시켜 식초, 와인으로 제조하기도 한답니다. 어린 잎은 채소로 먹거나 가축 사료로도 널리 이용됩니다. 나무는 카누, 목공예 재료로 쓰이고, 잎, 열매, 줄기껍질은 민간의학에서 상처, 화상, 염증 치료에 활용하는 등 쓰임새가 많은 과일이에요.

▲ 나무에 달린 덜 익은 열매

▲ 시장에서 파는 붉은색 품종(페루)

▲ 시장에서 파는 오렌지색 품종(브라질)

▲ 시장에서 파는 초록색 품종(필리핀)

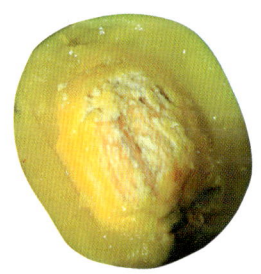

▲ 열매 세로단면

열량(100g당) ＊74kcal

영양성분(100g당) ＊탄수화물 19.1g,
지방 0.2g, 단백질 0.7g, 식이섬유
0.5g, 재 0.7g, 물 77.6g

44 사랑에 빠진
붉은용과 Purple Flesh Pitaya

과일박사의 맛점수

7.4~8.0

학명
Hylocereus costaricensis
(Webber) Britton & Rose
Hylocereus monacanthus
Bauer (선인장과)

지역명
영퍼플플레시피타야(purple
flesh pitaya)

기원지
코스타리카, 니카라과에서
페루까지의 중남미

재배지
미국 플로리다·하와이,
동남아시아, 남미, 우리나라
제주도

유통시기
열대지역 연중, 아열대 지역
초여름~초가을

모양 붉은용과는 용과와 매우 비슷하지만 결정적으로 다른 점이 있답니다. 바로 용과는 겉이 붉어도 속이 눈처럼 흰 반면, 붉은용과는 속까지 모두 붉다는 점입니다. 재배되는 붉은용과는 대부분 코스타리카 원산인 *H. costaricensis*인데 드물게는 *H. monacanthis*라는 종도 있어요. *H. costaricensis*는 동남아시아 시장에서 보는 붉은용과로 용과에 비해 크기가 약간 작아요. 열매 표면에 붙은 비늘 조각 같은 것의 끝이 녹색인 것은 용과와 비슷하고요. 반면 *H. monacanthis*는 용과와 거의 같은 크기이면서 겉의 비늘 조각 끝 색깔이 붉은색에 가깝지요. 페루를 여행하다 보면 생김새가 다양한 용과들을 만날 수 있습니다. 맛도 참으로 다양하더라구요.

이용 및 가공 생과일로 먹기도 하고 절편, 건조과일, 주스, 아이스크림, 잼 등으로 만들어서 먹어요. 칵테일로 제조해서 마시기도 하며 용과주의 원료로도 이용된답니다.

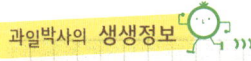
과일박사의 생생정보

붉은 속살의 비밀

붉은용과는 맛과 향이 용과와 비슷하지만, 속살의 색이 화려하다 할 만큼 붉습니다. 베타시아닌(betacyanin)이라는 붉은색 색소가 많이 들어있기 때문에 강력한 항산화효과가 있습니다. 너무 많이 먹으면 소변이 붉어지는 경우가 있는데 건강에는 아무 문제가 없으니 걱정할 필요는 없답니다. 이 천연색소를 이용하여 립스틱 색소를 개발하려는 연구도 있었지요.

◀ 붉게 익은 열매

열대과일
100가지
맛여행
붉은용과

▲ 시장에서 파는 열매

▶ 열매 세로단면

▲ 나무에 달린 열매

▲ 붉은용과(왼쪽)와 용과 비교

열량(100g당) ＊35~50kcal

영양성분(100g당) ＊탄수화물 9~14g,
지방 0.1~0.6g, 단백질 0.15~0.5g,
식이섬유 0.3~0.9g, 물 80~90g

45 고열량, 고단백 식품
브라질넛 Brazil Nut

과일박사의 맛점수
6.8~7.6

학명
Bertholletia excelsa
Bonpland (캐논볼과)

지역명
영브라질넛(brazil
nut)/파라넛(para nut),
삐네알멘드라/주비아,
수리냠브라질리안 누트,
페루카스타나, 포르,
브라카스타나 도 브라질/
카스타나 도 파라, 볼리타파

재배지
볼리비아, 브라질, 페루

유통시기
연중

모양 브라질 아마존 유역에서 야생형으로 재배되는 브라질넛은 높이 30~50m, 지름 1m 이상 되는 큰 나무의 커다란 열매에 들어있는 씨앗입니다. 열매는 지름 10~15cm, 무게 0.5~2.5kg으로 꽤 큰데, 익으면 땅으로 떨어지면서 금이 가고 이것을 깨뜨리면 그 안에 12~25개 정도의 씨가 들어 있어요. 씨는 길쭉하고 각이 있는 삼각형 모양의 단단한 껍질에 싸여 있어요. 이 껍질을 깨면 안에는 갈색의 얇은 막이 길쭉한 모양의 씨를 또 싸고 있지요. 시장에서는 보통 단단한 껍질을 까서 판매하는데 갈색의 얇은 막은 부분적으로 벗겨져 있어요. 그 안은 흰색에서 노란색을 띠는데, 우리가 '너트'라 부르고 실제로 먹을 수 있는 부분입니다.

이용 및 가공 주로 볶아서 먹어요. 고열량, 고단백 식품으로 지방 함량이 60~70%나 되지만 철분, 셀레늄 등을 많이 함유하고 있어 영양학적으로 좋은 식품이지요. 또한 파스타, 아이스크림, 쿠키, 제빵 등에도 사용돼요. 브라질 대도시의 시장에서는 대량으로 유통된답니다.

과일박사의 생생정보

브라질넛 나무의 벌채를 금하다
대부분 볼리비아, 브라질, 페루에서 생산되지만 자연채취에 의존하다 보니 어린 나무로 다시 자라나는 비율이 낮아서 세 나라에서는 브라질넛 나무 벌채를 법으로 금지하고 있어요. 브라질 중북부에 가면 대규모 농장에서 재배하는 브라질넛을 볼 수 있어요. 말레이시아, 가나, 쿠바, 코트디부아르, 스리랑카 등에 소규모 농장이 조성되어 있지만 생산량은 매우 적어요. 브라질넛은 몇 개국에서만 재배되는 희소성이 있는 과일이랍니다.

▲ 시장에서 파는 너트(브라질)

▲ 껍질을 제거한 너트(브라질)

mymixednut.com

▲ 열매 가로단면

▲ 시장에서 파는 다양한 너트류(브라질)

열량(100g당) *655kcal

영양성분(100g당) *탄수화물 12.3g, 지방 66.4~70.1g, 단백질 14.3~17.0g, 식이섬유 0.9~7.5g, 재 3.0~3.6g, 물 2.0~4.6g

강렬한 플럼
브라질체리 Grumichama

학명
Eugenia brasiliensis Lam.
(도금양과)

지역명
영그루미차마(grumichama)/
브라질체리(brazil cherry),
브라그루미자마

기원지
브라질 남부

재배지
브라질 남부, 파라과이, 미국
남부·하와이, 호주 북부

유통시기
브라질·호주 10~1월, 미국
플로리다 4~5월, 하와이
7~10월

모양 과일의 크기와 색깔은 양버찌와 비슷하지만, 녹색에서 선홍색의 튀어나온 4개의 꽃받침이 열매 끝에 남아있어서 쉽게 구별됩니다. 브라질체리 나무는 작은키나무로 정원에서 키우기 쉬운데 우리나라에서도 온실재배가 가능할 것으로 생각됩니다.

맛 브라질체리의 맛은 양버찌의 맛과 비슷하지만 독특한 청향이 있으며, 한국인의 입맛에 잘 맞는 과일이니 꼭 먹어보세요.

고르기 시장에서 판매하는 브라질체리는 긴 과일자루와 끝에 꽃받침이 모두 달린 싱싱한 것을 구입하는 것이 좋습니다. 검게 변한 것이 단맛이 강하지만 선홍색인 것도 맛이 좋으니 색깔은 크게 중요하지 않습니다.

껍질 벗기기 열매를 자르면 빨간 속살이 식욕을 당기는데 항산화물질이 많습니다. 양버찌 같이 물에 씻은 후 긴 과일자루를 뜯어내고, 손가락으로 끝의 꽃받침을 잡아 입에 물고 앞니로 끝을 잘라내면 다 먹을 수 있습니다.

이용 및 가공 생과일로 먹습니다. 약간 먹기 거북한 씨가 2~4개 있는데 뱉으면 됩니다. 완전히 익으면 검붉은색, 약간 덜 익으면 붉은색이지만 모두 먹을 수 있습니다. 반쯤 익은 과일은 파이, 잼, 젤리를 만드는 재료로 사용됩니다.

▶ 잘 익은 열매

▲ 붉게 잘 익은 열매(호주)

▶ 잘 익은 열매

▲ 나무에 달린 어린 열매

▲ 꽃

열량(100g당) ＊36~39kcal

영양성분(100g당) ＊탄수화물 13.4g,
지방 0.4~1.0g, 단백질 0.1g, 식이섬유
0.6g, 재 0.4g, 물 83.5g

브라질포도 Jaboticaba

과일박사의 맛점수

9.2~9.8

학명
Myrciaria spp. (도금양과)

지역명
영자보티카바(jaboticaba)

기원지
브라질 중부와 남부의
대서양 사면

재배지
브라질 중·남부, 파라과이,
우루과이, 아르헨티나
북부, 페루, 온두라스,
필리핀, 미국 플로리다
남부·캘리포니아·하와이

유통시기
브라질 리우데자네이루
8~11월, 미국 플로리다 6~9월

모양 브라질포도는 콜럼버스가 신대륙을 발견하기 이전부터 브라질 남부에서 인디언들이 재배해 왔습니다. 브라질 남부와 중부 지방에서 수확기가 되면 가판대에서 흔히 볼 수 있는 과일이에요. 포도와는 달리 송이가 아니라 알알이 떨어진 것을 플라스틱 용기에 넣어 팔지요. 열매가 처음부터 송이를 이루지 않고 줄기에 바로 붙어서 나기 때문이에요.

맛 우리가 흔히 먹는 까만 포도 알맹이와 정말 비슷하게 생겼지만 완전히 다른 풍미가 납니다. 약한 신맛과 강한 단맛이 나는 아주 맛있는 과일이랍니다. 과당, 포도당, 구연산, 옥살산과 함께 비타민C도 풍부하지요.

이용 및 가공 성숙한 열매는 수확 후 실온에 3~4일 저장이 가능하나 저온에 보관하면 3주 정도 보관 가능해요. 생과일로 주로 먹고 주스, 젤리, 아이스크림, 셔벗 등을 만들어서 먹어요. 브라질에서는 열매를 발효시켜 술을 빚기도 합니다.

과일박사의 생생정보

한번 심으면 150년 동안이나 열매가 주렁주렁!
브라질포도 나무는 겨울철 최저기온이 0도 이상이어야 키울 수 있는데 어찌나 느리게 자라는지 심은 지 8년은 돼야 열매를 맺고 25년은 지나야 완전히 다 자랍니다. 그래도 한 그루에서 150년 동안이나 열매 수확이 가능하고 1년에 500~800kg씩 수확할 수 있는 다수확 품종이니까 한번 심어놓으면 꽤 괜찮은 투자인 셈이지요. 지금은 세계적으로 널리 재배되지 못하지만 워낙 맛이 좋아 점점 늘어나지 않을까 기대합니다. 우리나라 남부지방에서 충분히 재배가 가능할 것도 같은데, 누군가 시작해서 맛있는 브라질포도를 국내에서 맛볼 날이 왔으면 좋겠습니다.

열대과일
100가지
맛여행
브라질포도

▶ 열매 가로단면

▲ 플라스틱 용기에 담아 파는 열매(미국 플로리다)

▲ 나무 줄기

▲ 줄기에 모여달린 열매(미국 플로리다)

열량(100g당) * 45.7kcal

영양성분(100g당) * 탄수화물 12.6g,
지방 0.1g, 단백질 0.1g, 식이섬유
0.1g, 재 0.2g, 물 87.1g

비낭야자 Betel Nut Palm

과일박사의 맛점수

4.0

학명
Areca catechu L.
(야자나무과)

지역명
영베텔넛팜(betel nut palm)/아레카(areca)/아레카넛(areca-nut), 인,말피닝/피낭시리, 미쿤티핀쿤, 필분가, 태막미쿤, 베카오, 중빈랑, 인도판, 스푸악, 괄푸구이, 팔라우부아

기원지
동남아시아 여러 나라로 알려져 있지만, 그 중 필리핀이 가장 유력함

재배지
동아프리카, 마다가스카르, 아라비아반도, 인도, 스리랑카, 인도차이나반도, 필리핀, 인도네시아, 말레이시아, 중국 남부, 태평양 섬나라, 호주 북부, 미국 하와이

유통시기
적도 인근 열대지역 연중, 태국·인도·베트남·중국 하이난성 9~2월

모양 주로 녹색 줄기에 녹색 열매가 주렁주렁 달린 채로 유통되는데, 열매 길이는 5cm 이내로 작고 길쭉한 모양입니다. 열매가 완전히 익으면 노란색으로 변하지요.

이용 및 가공 비낭야자의 열매를 베텔넛이라고 하는데요. 이 열매가 열대아시아에서는 피로 회복을 위해 씹어 먹는 기호식품으로 널리 알려져 있습니다. 익지 않은 녹색 열매를 베텔후추 잎에 싸서(이것을 베텔퀴드라 부릅니다) 씹는데, 침과 섞여 붉게 변한 것을 뱉어내는 모습은 별로 안 좋아 보이는 게 사실입니다. 비낭야자를 씹는 습관이 있는 인도, 파키스탄, 중국 남부, 대만, 괌, 동남아시아의 국가 등에서 구강암 발병이 높은데 이는 비낭야자와 관련이 있다는 논문이 여러 편 나왔습니다. 하지만 아직도 이들 지역에서는 비낭야자 열매가 인기 기호식품으로 널리 소비되고 있지요. 좌우간 기호식품이라는 것은 모두 '과하면 몸에 나쁘다'라는 것이 저의 결론입니다. 주로 열매가 기호식품으로 쓰이지만 여린 잎과 꽃을 조리해서 채소처럼 먹기도 합니다.

과일박사의 생생정보

기호식품, 그 효능은?
다른 기호식품이 대부분 그렇듯이 비낭야자를 씹으면 왠지 기분이 좋아지고, 의욕이 생기며, 땀이 나고, 침 분비가 왕성해지기도 합니다. 하지만 역기능으로 심장박동 증가, 혈압 상승, 체온 증가 등도 나타나지요. 열매 속에 있는 몇 가지 알칼로이드 중 아레카인(arecaine)과 아레콜린(arecoline)이 향정신성 작용을 하기 때문이에요. 이를 직접 복용하면 장의 연동운동이 증진되어 만성불쾌감 등이 치료되기도 한답니다. 인도의 아유베다 의학에서는 두통, 고열, 류머티즘을 치료하고, 중국에서는 기생충 치료에 이용하기도 합니다.

▲ 시장에서 파는 열매(베트남)

▲ 줄기에 달린 채로 시장에서 파는 열매(태국)

▲ 열매를 베텔후추 잎으로 싼
베텔퀴드(중국 하이난성)

▲ 베텔퀴드(베트남)

▲ 베텔후추의 잎

열매 세로단면 ▶

열량(100g당) *＊* 400kcal

영양성분(100g당) *＊* 탄수화물 70g,
지방 8~11g, 단백질 5~6g, 식이섬유
1g, 재 1g, 물 11~21g

49 뱀 허물을 닮은
비늘야자 Snake Fruit

과일박사의 맛점수

7.2~8.4

학명
Salacca zalacca (Gaertn.)
Voss (야자나무과)

지역명
영 스네이크프루트(snake fruit), 태 살라/라쿰, 말, 인 살락

재배지
인도네시아, 싱가포르, 태국 파타야·푸켓, 말레이시아, 캄보디아, 베트남

유통시기
여름~가을

▲ 송이로 달린 열매

모양 태국, 말레이시아, 인도네시아 지역을 여름이나 초가을에 여행하다 보면 흔하게 보는 과일입니다. 태국 남부에서 대량 유통되는 종은 주로 갈색과 붉은색이 섞여 있거나 짙은 붉은빛을 띠는데 붉은비늘야자(*S. wallichiana* C. Mart.)입니다. 20~30개 정도 알알이 모여 있지요. 자세히 보면 각각은 길쭉하고 크기는 골프공만 합니다. 껍질의 무늬가 뱀 껍질 같은 비늘 모양이고 끝에 흰색과 노란색의 가시 같은 털이 달려 있어요. 껍질 부분은 희고, 알맹이는 노란색입니다. 알맹이는 3개가 들어있고요. 인도네시아에서 주로 유통되는 종(*S. zalacca*)은 열매가 크고 검은색이며 비늘 껍질에 광택이 있습니다. 잘 벗겨지는 데다 먹을 수 있는 알갱이도 굵은 게 특징이에요.

껍질 벗기기 벗기기는 쉬운데 가시가 있을 경우 장갑을 끼고 벗기는 걸 추천해요.

맛 붉은종은 약간 단단하고 맛은 새콤달콤하답니다. 파인애플의 단맛과 레몬의 신맛을 합해 놓았다고나 할까요? 덜 익은 비늘야자는 타닌 성분이 많아 엄청 쓰니까 잘 익은 것을 골라야 해요. 현지에서는 주로 껍질을 깐 과일을 소비자에게 판매하지요. 향이 독특하고 맛도 좋지만, 씨가 큰 편이라 별로 먹을 게 없다는 단점이 있어요. 인도네시아 종은 태국 종과 달리 신맛이 없는, 달고 맛있는 생 고구마 맛으로 음미하면서 먹을 수 있어요.

이용 및 가공 익은 비늘야자는 열대기후에서도 2주 정도 보관 가능하고요. 10도 정도에서는 3주, 냉장 보관하면 한 달 정도까지도 괜찮아요.

과일박사의 **생생정보**

비늘야자 이름 짓기
껍질을 까서 버리면 뱀이 허물을 벗어놓은 조각 같다고 하여 '스네이크 프루트'라고 부르는데, 먹는 과일 이름에 뱀을 붙이는 것은 이상하지 않나요? 원산지에서는 주로 '살락'이라고 부릅니다. 야자나무과의 식물이고 열매 껍질이 비늘 같다고 하여 저는 비늘야자라고 우리말을 붙였답니다.

열대과일
100가지
맛여행
비늘야자

▲ 시장에서 파는 열매(인도네시아)

▲ 시장에서 파는 열매(인도네시아)

▲ 바구니에 담긴 열매

▲ 비늘야자 나무

▲ 열매껍질, 과육, 씨

열량(100g당) * 77kcal

영양성분(100g당) * 탄수화물 18.4g,
지방 0.1g, 단백질 0.1g, 식이섬유 0.4g,
재 0.6g, 물 80.4g

50 주머니 간식
비림비 Bilimbi

과일박사의 맛점수

6.8~7.2

학명
Averrhoa bilimbi L.
(괭이밥과)

지역명
영, 인도비림비(bilimbi),
영큐컴버트리(cucumber
tree), 캄트라롱통, 인,
말벨림빙, 태타링프링,
베크해타우, 필카미아스,
중그로셀라

기원지
인도네시아, 말레이시아

재배지
인도네시아, 말레이시아,
태국, 필리핀, 중국 남부,
아프리카, 중남미, 미국
남부·하와이

유통시기
적도 인근 연중, 중국
남부·인도·미국 플로리다
2~10월

모양 비림비 열매는 타원형 또는 원통형의 짧고 뭉툭한 오이처럼 생겼는데 5각이 있는 게 특징이에요. 색깔은 녹색을 띤 노란색이고 길이는 4~7cm 정도로 작아요. 아랫부분에 별 모양의 5개짜리 꽃받침이 남아 있고, 끝에는 털 모양의 꽃부분이 5개 붙어 있지요. 덜 익었을 때는 딱딱하고 녹색인데 익으면서 점차 노란색을 띠고 부드러워집니다. 껍질은 매우 얇아 열매를 물에 씻어 통째로 먹을 수 있어요.

맛 열매는 신맛이 무척 강해서 생과일로 먹기보다는 절이거나 요리해서 먹는 편이지요. 또한 과일주스의 첨가제나 신맛을 내는 요리 재료로 많이 이용되지요. 그러나 신맛이 약한 품종은 먹을 만하고, 열대지방의 여행 중 청량감을 주는 과일로 씹을 만해요. 크기도 작아서 한입에 들어가기 안성맞춤입니다. 저는 시장에서 맛을 보고 구입한 비림비를 주머니에 넣고 다니면서 여행 중 목마를 때 하나씩 꺼내 씹는답니다.

이용 및 가공 잘 익은 열매는 20도에서 2주, 10도에서 4주 정도 보관할 수 있어요. 주로 육류나 해산물과 함께 요리에 이용하거나, 카레를 만드는 데도 이용해요. 신맛이 강해 레몬과 같이 찬 음료 제조에 첨가제로 사용하고, 설탕과 함께 끓여서 잼이나 젤리를 만들기도 합니다.

▲ 열매 세로단면   ▲ 열매 가로단면

▲ 시장에서 파는 열매(인도네시아)

▶ 나무에 달린 익은 열매

▲ 나무에 달린 덜 익은 열매

▲ 꽃

열량(100g당) ＊27kcal

영양성분(100g당) ＊탄수화물 6.3g,
지방 0.3g, 단백질 0.6g, 식이섬유
0.6g, 재 0.3~0.4g, 물 94.2~94.7g

비파 Loquat

과일박사의 맛점수

7.2~8.0

학명
Eriobotrya japonica
(Thunb.) Lindley (장미과)

지역명
영로퀘트(loquat), 중피바/
비바/피파(枇杷), 일비와

기원지
중국 후베이성 및 쓰촨성
남부

재배지
중국 남부, 스페인, 파키스탄,
일본, 우리나라 남부, 인도,
네팔, 지중해 연안, 미국
하와이·플로리다, 중남미

유통시기
중국 남부 3~6월, 스페인
3~5월, 일본 1~7월, 우리나라
남부 6~7월

모양 비파는 둥그렇거나 살짝 타원형 모양이 나는 과일이에요. 표면에 짧은 털이 있는 것도 있고 없는 것도 있어요. 열매 끝부분은 꽃받침이 흔적처럼 붙어 있고 열매 속 중심에 씨가 1~2개 들어있죠. 껍질은 얇고 속살이 두툼하며 안에는 속껍질이 씨를 둘러싸고 있어요. 열매 색은 황금색으로 곱고 예뻐요.

맛 단맛이 강해요.

이용 및 가공 생과일로 섭취하는 것 이외에 잼, 주스, 와인, 시럽, 파이 제조에 이용합니다. 또한 통조림으로 널리 유통되기도 하지요. 비파의 씨는 전분을 20% 정도 함유하므로 아몬드처럼 볶아서 먹을 수 있습니다.

과일박사의 생생정보

크고 작고, 품종에 따라 다양한 비파
비파 열매의 크기는 품종에 따라 다양하므로 단정지어 말하기가 어려워요. 우리나라 남부지방에서 자라는 재래종은 크기는 작은데 큰 씨앗이 1~2개 들어있으니 먹을 게 별로 없어서 생과일로 소비되기보다는 시럽이나 와인 제조에 주로 쓰이지요. 반면 일본, 유럽, 미국 시장에서 개량된 품종은 생산국에서 매우 비싸게 유통됩니다. 크기가 5cm 이상 되는 것도 있고 씨가 없는 것도 있으며, 맛도 좋아요. 비파는 아열대 작물이라 우리나라도 우수한 품종을 선별해서 재배하면 충분히 좋은 비파를 생산할 수 있을 거라고 생각해요.

▲ 수확한 열매(대한민국 완도)

▲ 열매 세로단면

▲ 잎과 열매

열량(100g당) * 47.1kcal

영양성분(100g당) * 탄수화물 12.1g,
지방 0.2g, 단백질 0.4g, 식이섬유
1.7g, 물 86.7g, 비타민A

빵나무 *Breadfruit*

과일박사의 맛점수

7.0~7.2

학명
Arthocarpus altilis
(Parkinson) Fosberg
(뽕나무과)

지역명
영브레드프루트(breadfruit),
스파나/파나펜, 캅사키/
크나오르/삼루, 인, 말수쿤,
미파웅티, 필리마스, 태시케,
베사케

재배지
동남아시아, 남태평양 섬,
카리브해 연안, 중남미,
아프리카

유통시기
열대지역 연중, 남태평양
섬 5~9월, 하와이 7~2월,
동남아시아 7~11월

모양 아시아의 열대, 폴리네시아, 카리브해 등지의 농촌지역 집 주변에서 흔히 키우는 과일나무랍니다. 과거에 열대지방의 사탕수수 재배에 동원된 노예들의 식량으로 이용하기 위하여 빵나무를 대규모로 재배하면서 전세계 열대지방에 퍼지게 되었지요. 잘 익은 빵나무 열매를 잘라 보면 가운데 중심축이 있고 속살은 연노란색을 띤답니다.

맛 보통 다른 과일들은 다 익어야 먹잖아요? 그런데 이 빵나무는 익은 것은 당연히 먹고, 덜 익은 것도 요리해서 먹을 수 있어서 현지인들에게는 정말 빵같이 유용하면서도 신통한 과일이지요. 부드러우면서도 달콤한 향을 지녔으며, 단맛도 나고 식이섬유가 풍부하답니다.

이용 및 가공 덜 익은 열매는 칼로 껍질을 벗겨 안에 있는 흰 속을 삶거나 볶거나 튀겨서 먹는데 감자 비슷한 맛이 나지요. 그리고 다 익은 과일은 생과일로도 먹지만 부드럽고 달아 케이크, 빵, 쿠키 등을 만드는 데도 이용한답니다. 서양에서 주식으로 쓰이는 밀가루나 감자 같은 역할을 골고루 하고 있으니 과연 빵나무라고 부를 만하지요? 덜 익은 열매는 주로 씨가 발달하지 않은 품종을 재배하지만 드물게 씨가 있는 것도 있어요. 씨에도 탄수화물, 단백질이 풍부해서 삶거나 익혀 먹기도 한답니다. 또한, 통조림으로 만들거나 건조, 발효해서 먹고 캔디를 만드는 데도 사용됩니다.

▲ 덜 익은 열매의 세로단면

열대과일
100가지
맛여행
빵나무

▲ 시장에서 파는 열매(미국 하와이)

▶ 나무에 달린 열매

▲ 암꽃차례

▲ 수꽃차례

열량(100g당) * 105~109kcal

영양성분(100g당) * 탄수화물 21.5~29.5g,
지방 0.1~0.9g, 단백질 1.3~2.2g, 식이섬유
1.08~2.1g, 재 0.6~1.2g, 물 62.7~89.2g

뿔참외 Kiwano

과일박사의 맛점수

7.2

학명
Cucumis metuliferus E.
Meyer ex Naudin (박과)

지역명
영키와노(kiwano)/
아프리칸혼드멜론(african
horned melon)/
젤리멜론(jelly melon),
아프리카루이아굴키/
루이콤콤멀

재배지
미국 캘리포니아, 칠레, 호주,
뉴질랜드, 이스라엘, 브라질

유통시기
여름, 기후 조건이 잘 맞으면
연중

모양 '참외에 뿔이 달렸나?' 생각되시죠? 맞아요. 참외와 크기와 모양이 비슷한데 특유의 줄무늬가 없고 전체에 뾰족한 모양의 돌기가 듬성듬성 달려 있답니다. 특히 열매 양 끝부분에 돌기가 많죠. 밝은 노란색인 참외에 비해 오렌지색에 가까우며 열매가 아름다워 관상용으로 재배할 정도랍니다. 잘라 보면 속은 특이하게도 녹색이고 씨앗이 박혀 있어요.

맛 야생종은 쓴맛이 강해서 먹을 수 없지만 재배품종은 당도와 산도, 향까지 좋아 맛있습니다. 맛은 오이와 바나나 맛이 동시에 납니다. 상상이 좀 안 되는 조합이지요? 은근한 단맛에 부드러우면서 향이 있다, 뭐 이 정도로 상상이 되실까요? 브라질 시장에서는 대량 유통되더라고요.

껍질 벗기기 우선 겉껍질을 칼로 길게 잘라 내고 숟가락 같은 것으로 푸른 속과 씨가 있는 부분까지 파내가며 먹습니다. 잘 파서 먹으면 겉껍질만 얇게 남도록 파 먹을 수 있답니다. 다른 방법으로는 반으로 자른 후에 껍질을 세게 눌러서 초록색 속이 비집고 나오게 만들어 입을 대고 빨아 먹는 것이에요. 참, 회색 빛의 씨도 함께 먹는 것이고요.

이용 및 가공 뿔참외는 주로 생과일로 먹거나 파인애플과 섞어 셔벗으로 만들어 상큼하게 먹기도 한답니다.

▶ 시장에서 파는 열매

▲ 시장에서 파는 열매(브라질)

▶ 잘익은 열매

▲ 열매 세로단면

▲ 열매 가로단면

열량(100g당) *25kcal

영양성분(100g당) * 탄수화물 3.0g,
지방 0.1g, 단백질 1.0g, 식이섬유
1.0g, 물 95g

사포딜라 Sapodilla

과일박사의 맛점수
6.8~7.4

학명
Manilkara zapota van
Royen (사포테과)

지역명
미사포딜라(sapodilla),
중남미사포타/사포테, 멕시치클,
인도, 말치쿠, 과테, 필치코,
태, 라라무트

기원지
유카탄반도(남부 멕시코와
북부 과테말라)

재배지
열대아메리카, 미국 플로리다
남부, 열대아시아, 중국 남부,
인도, 스리랑카

유통시기
북반구 9~12월, 지역에
따라서 2~3월까지 유통

모양 사포딜라는 다양한 품종들이 있어 각각 모양과 색깔이 다 다릅니다. 대략 달걀보다 약간 더 크고, 동남아시아 시장에서는 주로 갸름하고 황갈색인 품종이 유통됩니다. 언뜻 보면 표면이 고운 감자같이 보이지요. 어떤 회갈색 품종은 표면이 우둘투둘하게 흙이 묻은 것처럼 보이는데, 실제로는 흙이 아니라 열매 표면에서 분비된 검(gum)입니다.

맛 서양배 맛과 비슷하고 껍질에 가까운 부분일수록 배 껍질같이 약간 거친 질감이 있어요. 중남미에서 재배되는 품종은 동남아 품종보다는 크고 열매가 둥근데 맛은 동남아시아 품종보다는 못하더라고요.

고르기 손으로 눌러 보아 약간 들어갈 정도로 물렁한 것을 골라야 하는데요. 그렇다고 너무 물렁물렁한 것은 맛이 없으니 피하고 달콤한 향이 나는지 냄새도 맡아보는 게 좋아요.

껍질 벗기기 약간 물렁한 사포딜라를 두 손으로 쪼개면 쉽게 두 조각으로 나뉘는데 가운데에 1~3개의 검은색 감 씨 같은 씨가 있어요. 어떤 것은 아예 씨가 없는 것도 있고 야생형 중에는 10여 개가 들어 있는 것도 있지요. 속살을 먹고 껍질은 버리면 돼요.

이용 및 가공 생과일로 먹거나 잼, 셔벗, 주스, 아이스크림, 술 등으로 만들어 먹을 수 있답니다.

과일박사의 생생정보

사포딜라에 붙은 검(gum)의 정체
원래 중남미에서는 잎과 어린 열매에서 분비되는 흰 즙을 모아 치클 껌을 생산하기 위해서 사포딜라를 재배했어요. 하지만 현재는 인공적으로 합성한 껌베이스로 대부분 대체되었지요.

▲ 시장에서 파는 열매(태국)

▲ 시장에서 파는 열매(브라질)

▲ 열매 세로단면

▲ 나무에 달린 열매. 표면에 보이는 흰 즙이
  치클껌의 원료가 된다.

열량(100g당) ＊83kcal

영양성분(100g당) ＊탄수화물 20.0g,
지방 1.1g, 단백질 0.4g, 식이섬유
5.3g, 물 78g

55 후추와 함께 먹는 과일
산톨 Santol

학명
Sandoricum koetjape
Merr. (멀구슬나무과)

지역명
영산톨(santol)/센톨(sentol)/
케차피(kechapi),
인 말케타피/케투아트/센툴,
태크라손/사톤, 캄콤핑리에치,
라퉁즈, 미티토, 뻬사우,
필산톨/카툴, 인도사야이/
세바이/세바마누

기원지
인도차이나

재배지
미얀마, 인도, 베트남,
말레이시아, 인도네시아,
필리핀, 코스타리카,
온두라스

유통시기
말레이시아 6~7월, 필리핀
6~10월, 캄보디아 7~9월

모양 동남아시아 시장에서 소규모로 유통되는 산톨은 두 주먹을 합해 놓은 정도의 크기로, 황금색의 짧은 털로 뒤덮여 있어 부드러운 느낌이 드는 둥그스레한 과일입니다. 잘 보면 갈색 줄무늬와 주름이 세로 방향으로 나 있고 위쪽 끝부분은 약간 들어간 모양이지요. 가끔 꼭지에 마른 잎이 붙어 있는 것도 있고요. 껍질이 매우 얇아 칼로 깎아내야 하는데, 껍질 바로 아래에는 껍질과 비슷한 색의 속살이 1~2cm 두께로 있고 그 안에 다시 하얀색의 도톰한 속살이4~5조각 둥그렇게 마늘 조각처럼 모여 있어요.

맛 황금색과 흰색의 두 가지 알맹이를 다 먹는데요. 흰 속살이 단맛, 신맛을 동시에 갖고 있다면 바깥 부분의 황금색 속살은 신맛이 좀 더 강해요. 신맛과 함께 떫은맛도 좀 나서 저는 1개 이상은 못먹겠더라고요. 현지인들도 신맛 때문에 소금이나 후추 같은 다른 조미료와 함께 먹는다고 합니다. 흰 알맹이 속에는 삼각형의 길쭉한 씨가 들어 있어 이것을 빼고 먹어야 해요.

이용 및 가공 생과일로 주로 먹고 잼, 젤리, 시럽, 캔디, 술 등으로 가공해서 먹기도 합니다.

▲ 열매 가로단면

▲ 열매 세로단면

▲ 시장에서 파는 열매(필리핀)

▲ 나무에 달린 열매

▲ 시장에서 파는 열매(태국)

열량(100g당) ＊ 36~39kcal

영양성분(100g당) ＊ 탄수화물 11.4g,
지방 0.5g, 단백질 0.1g, 식이섬유
1.3g, 재 0.4g, 물 85.4g

산파파야 Babaco

과일박사의 맛점수

5.0~7.2

학명
Vasconcellea x heibornii
V. M. Badillo (=*Carica
pentagona* Heilborn)
(파파야과)

지역명
영바바코(babaco)/
마운틴파파야(mountain
papaya)

재배지
에콰도르, 콜롬비아, 칠레
북부, 뉴질랜드, 호주,
이스라엘, 중동, 미국
캘리포니아·플로리다

유통시기
열대지역 연중, 재배한계선인
남·북위 30도 이상의
지역에서는 여름~가을

모양 산파파야는 파파야에 비하여 과일이 작고 5각이 지며 끝이 뾰족한 것이 다르답니다.

맛 파파야는 신맛은 없고 단맛이 주로 나는데 산파파야는 신맛이 있습니다. 파인애플과 파파야 맛을 섞어 놓은 맛으로 단맛과 신맛이 조화를 이루고, 파파야의 독특한 풋풋한 향이 난답니다. 생과일로 먹을 만하지요. 제가 발견한 씨 있는 산파파야는 신맛이 매우 강하고 약간 구린내 같은 이상한 향이 있었습니다. 두리안의 구린내와 비슷하지만 강하지 않아 그런대로 괜찮은데, 신맛이 너무 강해 많이 먹기에 부담이 됩니다. 현지인들에게 물어보니 파파야 주스나 다른 과일주스를 만들 때 함께 갈아서 맛을 내는데 적격이라는 답을 들었습니다. 그러니 씨 없는 산파파야가 인간이 선택한 우리 입맛에 순화된 과일인 셈이죠.

이용 및 가공 산파파야는 생과일로 먹거나 캔에 담긴 농축주스로 판매해요. 익지 않은 것은 채소로 요리하며 샐러드, 주스, 잼, 캔디, 젤리, 건조과일로 가공된 식품도 있습니다.

▲ 열매 세로단면

▲ 나무에 달린 열매

▲ 시장에서 파는 열매(페루)

▲ 세로로 골이 진 열매

과일박사의 생생정보

산파파야의 기원을 찾아서

산파파야의 원산지는 남미 안데스의 고산지역입니다. 파파야는 열대지방 어디에서나 사시사철 볼 수 있는데 산파파야는 특정 지역이 아니면 보기 힘듭니다. 과일박사가 산파파야를 직접 본 곳은 호주, 뉴질랜드, 그리고 기원지로 알려진 북부 안데스지방(에콰도르, 페루)입니다. 호주에서 본 재배형 산파파야는 길쭉하고 자르면 씨가 없답니다. 처녀생식으로 과일이 발달하기 때문입니다. 과일도 처녀생식으로 만들어진다니 좀 이상하죠? 여러 기록에 의하면 원산지인 안데스 북부지역에는 여러 산파파야 종들이 있고 그 가운데 두 종 사이의 자연교잡에 의하여 새로운 산파파야가 만들어져 씨 없는 파파야가 된 거랍니다. 씨 없는 산파파야는 오히려 씨가 있는 산파파야보다 먹기 좋고 맛도 뛰어나서 사람들이 선택하여 재배하기 시작했고, 씨 없는 산파파야가 다른 나라로 도입되어 재배되고 있는 거랍니다. 과일박사는 씨 있는 산파파야를 찾아서 안데스 북부지방을 헤매다가 우연히 재배지에서 씨 있는 산파파야를 찾았습니다. 왼쪽 사진에 씨가 보이죠? 이 녀석이 씨 없는 파파야의 한쪽 어버이인데 학자들은 *Vasconcellea cundinamarcencis* V. M. Badillo라고 부른답니다. 특이적인 수분매개자가 필요 없으므로 우리나라에서도 온실재배가 가능한 작물로 생각됩니다.

열량(100g당) * 20~22kcal

영양성분(100g당) * 탄수화물 4.6~6.0g, 지방 0.0~0.3g, 단백질 0.7~1.3g, 식이섬유 0.5~1.0g, 재 0.2~0.3g, 물 93~94g

선인장 *Cactus*

과일박사의 맛점수
6.2~7.8

학명
Opuntia ficus-indica (L.)
Miller (선인장과)

지역명
영캑터스(cactus)

기원지
멕시코

재배지
멕시코, 미국 서남부,
중남미, 지중해 연안, 호주,
열대아시아의 건조지역.
우리나라 제주도

유통시기
열대지역 연중, 중미 7~10월,
남미 1~5월, 지중해 연안
7~10월

모양 우리나라 시장에서 판매되는 선인장 열매는 비교적 작은데, 대량 재배하여 유통하는 중남미나 지중해(특히 시칠리) 지역의 시장에서 보는 열매는 원통형으로 길이가 5~10cm 정도로 크답니다.

맛 흰 속살은 점액성의 질감이 있으나 아삭한 편이고 새콤달콤하면서 상큼한 맛이 일품이랍니다. 노란용과와 비슷한 맛이에요. 제가 멕시코와 페루를 여행하면서 먹어본 선인장의 맛은 과일에 따라 또는 생산지에 따라 맛의 차이가 큽니다. 참 달고 맛있는 것에서 시고 떫은 것까지 다양한 맛의 스펙트럼을 느낄 수 있답니다. 상업적 재배 품종들은 맛이 비교적 안정되었으나, 자연상태에서 채취한 열매들은 변이가 크기 때문입니다.

고르기 상업적으로 재배되는 선인장은 수확 후에 기계로 가시를 제거하기 때문에 선인장 가시를 크게 걱정 안 해도 됩니다. 하지만 여행지의 지역시장에서는 주의가 필요합니다. 우선 잔가시가 모두 제거된 것을 골라야 하고요. 가능하면 껍질을 벗긴 속살만 구매하는 것도 한 방법이랍니다. 그리고 드시기 전에 씻어서 가시를 잘 제거해야 합니다.

껍질 벗기기 열매의 양끝을 칼로 자르고 길게 칼집을 내면 두꺼운 껍질이 쉽게 벗겨지고, 흰(노란) 속살을 분리할 수 있습니다. 가시가 많을 때는 장갑을 끼고 껍질을 발라내는 게 좋습니다.

이용 및 가공 중남미 원주민들은 열매를 말려서 캔디 같이 먹기도 합니다. 또한 주스, 아이스크림, 잼, 술로 만들어 먹고, 기관지와 천식 등에 좋아 약으로도 섭취합니다. 우리나라 동남아시장에서 유통되는 선인장은 작아서 식용보다는 오히려 약용 또는 건강보조식품으로 판매된답니다.

▶ 꽃과 어린 열매

▲ 시장에서 파는 열매(페루)

▶ 줄기에 달린 열매

▲ 시장에서 파는 녹색 품종

▲ 시장에서 파는 붉은색 품종

열량(100g당) ＊35~50kcal

영양성분(100g당) ＊탄수화물 9.6g,
지방 0.5g, 단백질 0.7g, 식이섬유
3.6g, 재 1.6g, 물 88g, 비타민C

수리남체리 Surinam Cherry

과일박사의 맛점수

6.2~6.8

학명
Eugenia uniflora
L.(도금양과)

지역명
영수리남체리(surinam cherry)/
케이언체리(cayenne cherry)/피탕가(pitanga),
베네펜당가,
콜롬세레자쿼아드라자,
스페세레자드캐연, 브라피탕가

재배지
남미 수리남, 기아나, 브라질 남부, 우루과이, 파라과이 북부, 카리브해 연안, 지중해 연안, 동남아시아, 인도, 중국 남부

유통시기
미국 플로리다
4~6월/10~11월, 하와이 10~12월, 브라질 10~2월

모양 수리남체리의 열매는 2cm 내외로 8각이 진 모양으로 앙증맞게 생겨 나무에 달린 모양이 꼬마연등을 연상시킵니다. 고운 햇살에 비친 열매의 빨간 모습이 정말 아름답습니다.

맛 단맛, 신맛 중에 어떤 맛을 기대하시나요? 먹어보면 양버찌 같은 맛인데 알다가도 모를 것이 고추의 약간 매운맛이 섞여있어서 구역질이 날 것 같기도 합니다. 그러나 조금만 참고 먹으면 버찌의 단맛과 신맛 그리고 고추의 약한 매운맛을 동시에 음미할 수 있답니다. 참 요상한 맛이지만 먹을 만하다니까요. 품종에 따라서는 적자색에서 검은색의 열매도 있는데 이런 품종은 단맛이 더 강합니다. 남미지역을 여행하다 보면 농촌의 지역시장에서 소규모로 거래되는 정도이고 브라질에서는 비교적 대량 유통됩니다.

이용 및 가공 열매뿐 아니라 잎과 꽃도 유용하게 쓰입니다. 잎에서 분비되는 정유의 아로마향이 파리를 쫓고, 꽃은 꿀이 많이 분비되어 양봉자원식물로도 중요합니다. 브라질에서는 잎을 달인 물을 복통, 해열 등에 이용하고, 수리남에서는 감기에 걸리면 잎을 으깨 레몬과 함께 마시는데 이는 모두 잎의 정유성분을 이용하는 거랍니다. 아로마, 양봉자원, 약 등으로 두루 쓰이는 수리남체리. 그래서 자생지에선 참 중요한 식물입니다. 완전히 익은 열매는 생과일로 먹고 파이, 잼, 젤리, 주스를 만들어 먹기도 합니다. 푸딩, 샐러드, 과일 칵테일 등 다양하게 이용되기도 하지요.

▲ 나무에 달린 익은 열매(미국 하와이)

▶ 8개로 골이 진 열매

▲ 열매 세로(위) · 가로 단면

▲ 나무에 달린 덜 익은 열매

열량(100g당) * 43~51kcal

영양성분(100g당) * 탄수화물 7.9~12.5g,
지방 0.4~0.9g, 단백질 0.8~1.0g, 식이섬유
0.3~0.6g, 재 0.3~0.5 g, 물 85.4~90.7g

수박 Watermelon

과일박사의 맛점수

6.8~8.4

학명
Citrullus lanatus (Thunb.)
Matsumura & Nakai (박과)

지역명
영워터멜론(watermelon),
중시과(西瓜)

재배지
중국(세계 생산량의 70%),
터키, 미국, 이란

유통시기
여름

모양 우리가 여름철에 사랑하는 수박, 둥그런 모양과 초록색 바탕에 검은색 줄무늬가 트레이드 마크지만 실은 재배 품종이 세계적으로 무척 다양하답니다. 모양, 겉의 색깔, 속의 색깔 등이 다 달라요. 사각 수박 보신 적 있으세요? 이것은 자랄 때 일정한 틀을 만들어 그 안에서 크게 하는 거라 하나의 품종은 아닙니다. 태국 등 동남아 시장에서는 검초록빛 수박이 많이 재배, 유통됩니다. 끝에서 꼭지로부터 줄무늬가 생겨 내려오는데 이것의 색과 모양에 따라 품종을 구별하지요. 줄무늬가 회색부터 짙은 초록색, 가는 것에서 굵은 것, 일자형부터 가늘게 나뉘는 것 등 매우 다양하답니다. 또 잘 익은 수박이라면 우리가 일고 있는 속이 붉은 종류가 세계적으로 가장 많이 재배되고 있기는 하지만 오렌지색, 주황색, 노란색인 종류도 있어요. 우리가 즐기는 붉은색 수박에는 다른 품종에 비해 리코펜의 함량이 훨씬 많아 영양학적으로 더 우수하답니다.

맛 제가 먹어본 최고의 수박은 브라질 리우데자네이루의 수박인데 당도가 높고 향과 풍미도 정말 좋았어요. 그래서 종자를 구해왔는데 우리나라에 재배한다면 기후가 달라서 아마도 비슷한 맛은 나지 않을 거에요.

이용 및 가공 수박은 생과일로 먹거나 화채, 주스 등으로 만들어 먹어요. 씨는 건조 후 볶아서 간식으로도 활용하는데 씨에는 단백질, 지방, 탄수화물이 풍부하답니다.

▶ 시장에서 파는 열매

▲ 시장에서 파는 열매(말레이시아)

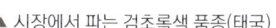

▲ 시장에서 파는 검초록색 품종(태국)

▲ 슈퍼마켓에서 파는 품종(인도네시아)

▲ 속이 노란 품종

열량(100g당) *32kcal

영양성분(100g당) *탄수화물 7.2g,
지방 0.4g, 단백질 0.6g, 물 91.5g

스폰디아 Ambarella

6.8~7.8

학명
Spondias cytherea
Sonnerat (옻나무과)

지역명
영앰바랠라(ambarella)/
오타헤이트애플(othaheite
apple)/타히티퀸스(tahitian
quince)/
폴리네시아플럼(polynesian
plum), 인, 말케돈동,
태마콕파랑, 캄모각, 베콕,
미그애이, 필해비, 코스프론,
베네호보인디오/망고호보,
브라카자방가

재배지
말레이시아, 인도차이나,
인도네시아, 필리핀,
폴리네시아, 인도, 호주 북부,
열대아프리카, 열대아메리카,
자메이카, 카리브해 연안,
중남미

유통시기
동남아시아 9~1월, 하와이
11~4월, 타히티 5~7월

모양 좀 생소하죠? 여기서 제가 소개하는 걸 눈여겨 보았다가 맛볼 기회가 온다면 놓치지 마세요. '야, 이거 맛있다!' 라고 감탄할 만한 훌륭한 맛의 과일이랍니다. 몰라서 그냥 지나치기에는 안타까운 과일이라 제가 열심히 설명해 볼게요. 작은 달걀 크기의 녹색 열매인데 잘 보면 5개의 홈이 길게 나 있어요. 주로 꼭지가 달려 있고 회색, 갈색의 무늬가 곳곳에 있어 벌레 먹은 것으로 보이기 십상인데 절대 그렇지 않고요. 겉은 시간이 지나면 갈색이나 짙은 붉은색으로 변하면서 터지기도 하고 잘 관리된 것은 노란색이기도 해요. 속 알맹이는 흰색인데 익으면 노란색이 되죠.

맛 가장 궁금한 맛을 설명할 차례인데, 우선은 파인애플과 비슷한 맛과 향이라고 말할 수 있고요. 신맛과 단맛이 강하고 살짝 떫은맛이 조화를 이루고 있어요. 망고와 비교되기도 하는데 크기는 망고보다 작지만 대체로 '망고보다 더 맛있다' 라는 평가들을 하죠. 한가지 단점은 씨가 너무 크고, 종종 섬유질이 과육 속으로 발달하여 먹기에 좀 불편한 경우가 있어요.

이용 및 가공 생과일, 껌, 젤리, 주스 등의 가공제품으로 이용해요. 수프, 버터, 스튜, 카레 등에도 쓰이고 녹색 열매는 샐러드로, 작은 망고처럼 식초, 소금에 절이기도 합니다. 육류를 연화시키는 용도로도 사용되고, 어린 잎은 쪄서 채소로 먹거나 가축사료로도 이용한답니다.

▲ 나무에 달린 덜 익은 열매

▲ 시장에서 파는 열매(페루)

▶ 세로로 줄이 있는 열매

▲ 열매 세로단면

▲ 갓 수확한 열매(하와이)

열량(100g당) * 46kcal

영양성분(100g당) * 탄수화물 12.4g,
지방 0.2g, 단백질 0.1g, 식이섬유
1.1g, 재 0.4g, 물 86.9g

시계초 Passionfruit

과일박사의 맛점수

7.6~8.0

학명
Passiflora edulis Sims
(시계초과)

지역명
영패션프루트(passionfruit*)/
그라나딜라(granadilla),
스페그라나딜야/마라쿠하,
포르마라쿠야패로바(maracuja
peroba*), 태린망콘,
말, 인마르키시, 라리망칸,
필파르차

기원지
브라질 남부, 파라과이,
아르헨티나 북부

재배지
콜롬비아, 브라질, 페루,
에콰도르, 스리랑카, 호주,
필리핀, 아프리카, 중동,
이스라엘

유통시기
적도지역 강수량이 일정하면
연중, 인도 9~12월/ 3~5월,
하와이 7~8월/ 10~11월

*노란 열매를 yellow
 passionfruit, 자주색
 열매를 red passionfruit로
 구분하기도 함

모양 시계초라는 이름은 꽃의 형태가 시계같이 생겼다 해서 붙여진 이름이에요. 큰 달걀이나 주먹 정도 크기인데 겉은 대부분 노란색이거나 자주색, 두 가지 종류가 재배됩니다. 남미지역에서는 주로 노란색, 호주나 동남아시아에서는 주로 자주색 열매가 재배되지요. 원래는 녹색인 것이 익으면서 연한 자주색에서 짙은 자주색으로 변해가고요. 단단했던 열매가 점점 부드러워지다가 후숙이 되면 표면이 쭈글쭈글해지는데 과일의 질과는 별로 상관이 없답니다.

맛 신맛이 강한 편인데 달콤하기도 해서 마치 맛있는 귤을 먹는 것과 비슷한 맛이지요. 생과일도 먹지만 대부분 주스 제조로 이용되고요. 요구르트에 첨가하면 씨가 씹히는 맛이 일품이에요. 시계초는 덩굴성 식물인데 중남미지역에 가면 다양한 종들의 열매가 시장에서 유통됩니다. 종별로 맛과 향이 각각 달라요.

껍질 벗기기 칼로 잘라 보면 껍질 안쪽은 흰색이고 그 안에 노란색 속살 부분이 씨앗을 둘러 싸고 있어요. 노란색 부분을 숟가락 같은 것으로 파서 먹는 거에요.

이용 및 가공 생과일로 먹을 수 있고 주스, 양념으로도 이용됩니다. 생과일은 20도 정도에서 한 달 정보 보관이 가능하고요. 주스는 원액을 농축주스로 판매하며, 묽게 만들거나 다른 과일주스와 배합하여 다양한 맛의 제품을 판매합니다. 남아프리카는 우유와 섞어 마시고, 호주는 각종 요구르트에 첨가해요. 또한 젤라틴 디저트, 칵테일, 수프, 젤리, 잼, 과자, 청량음료 및 술의 제조에 이용하기도 하지요.

꽃 ▶

▲ 시장에서 판매되는 노란색 품종(브라질)

▲ 시장에서 유통되는 붉은색 품종(미국)

▲ 열매 세로단면

▲ 덩굴에 달린 덜 익은 열매

▲ 열매 가로단면

열량(100g당) * 90kcal

영양성분(100g당) * 탄수화물 21.2g,
지방 0.7g, 단백질 2.2g, 식이섬유
0.04g, 재 0.8g, 물 75.1g

시트론 Citron

5.0~6.0

학명
Citrus medica L. (귤과)

지역명
영시트론(citron)

기원지
인도~미얀마

재배지
열대 및 아열대 지역

유통시기
연중

모양 열매는 원형, 타원형, 손가락 모양, 고추 모양 등 형태가 매우 다양하고요. 껍질은 아주 두껍고 간혹 평평한 것도 있지만 대체로 우둘투둘하지요. 껍질 색은 주로 노란색인데 두꺼워서 먹을만한 속살이 별로 없기도 하지만 어쨌든 생과일로는 먹지 않습니다.

이용 및 가공 주로 방향제, 방취제, 비누, 화장품 등을 만드는 데 이용하고, 잼, 주스를 만들거나 유자차처럼 차로 만들어 먹지요.

광귤(Sour orange, Bitter orange, C. aurantium L.) – 동남아시아가 원산지로 고대 폴리네시아인의 이동에 따라 남태평양 섬으로 전파되었지요. 9세기경 아랍상인에 의해 아랍지역에 도입되어 1000년경 에 지중해 연안 국가로 전파되어 재배되었고, 신대륙에는 16세기 중반에 도입되었답니다. 열매는 원형이면서 약간 납작한 형태로 지름 7~8cm 정도 크기인데, 껍질이 두껍고 거칠지만 향이 무척 강하고 속 알맹이가 10~12조각이 들어있지요. 씨가 많고 신맛이 강해요. 광귤은 식용보다는 정유를 추출하여 화장품, 향신료, 비누 등의 제조에 널리 이용하고요. 과일은 잼이나 칵테일을 만드는 데 이용해요. 문단이나 귤과 잡종형성이 잘 되어 다양한 품종으로 개발되는데 일본과 우리나라 제주도에서 재배되는 하귤류도 광귤류의 일종이에요.

과일박사의 생생정보

기원전 4000년경부터 있었대요!
시트론은 인도 서북부가 원산지입니다. 기원전 4000년경의 메소포타미아 문명 발굴현장에서 시트론의 씨가 발견된 것으로 보아 재배 역사가 얼마나 오래되었는지 알 수 있지요. 그후 기원전 300년경에 지중해지역으로 전파되어 이스라엘의 고대 동전에는 시트론의 그림이 새겨져 있답니다. 기원후 300년경 중국에 전래되었으며, 4~5세기경에 지중해 연안에서 재배하기 시작했지요. 신대륙에는 콜럼버스에 의해 도입이 되었어요.

▲ 시장에서 파는 불수 품종(베트남)

▲ 시장에서 파는 불수 품종

▲ 나무에 달린 둥근 열매 품종

▲ 시장에서 파는 열매

▲ 광귤

열량(100g당) ＊ 35kcal

영양성분(100g당) ＊ 탄수화물 11.2~13.0g,
지방 0.1g, 단백질 0.1g, 식이섬유 1.1g, 재
0.4g, 물 87.1g

63 숲 속의 아이스크림
아노나 Sugar Apple

학명
Annona squamosa L.
(아노나과)

지역명
영슈가애플(sugar apple)/
스위트솝(sweetsop),
베나/망카우, 캄티엡바이/
티엡스록, 인실카야/
사리카야/이티스, 라키에브,
말스리카야/노나스리카야/
부야노나, 미아우자, 필아티스,
태노이나/마키얍/라닝,
중판리치, 스페아타/아논/
아논블랑카/아노나,
포르마타/핀하/콘데사/
프루타도콘데

재배지
중남미, 카리브해 연안, 미국
플로리다 남부, 아프리카,
중동 일부, 스페인 남부,
인도, 동남아시아, 중국 남부,
호주 북부

유통시기
대만 남부 7~10월, 인도
8~11월, 동남아시아 7~9월,
중미 7~9월

모양 여름철 열대지역을 여행하다 보면 흔히 만날 수 있는 과일이에요. 녹색이면서 약간 노르스름한 색이고 주먹 1~2개 정도 크기로 꼭지 부분이 옴폭 들어가 있어 마치 심장 모양을 한 둥그런 열매지요. 오디처럼 토실토실하게 여러 조각이 모여서 한 형태를 이루고 있고요. 수류탄처럼 생겼다고 '수류탄 열매'라고 부르는 곳도 있어요.

맛 '슈가애플'이라고 불릴 정도로 단맛이 강하고 약간 점액질의 느낌도 있어 저는 '오디와 같은 맛'이라고 말하고 싶어요. 아이스크림과 비슷한 식감이라고도 말할 수 있겠네요. 정말 궁금하시죠? 꼭 드셔 보시고 '아! 이런 맛이었어?'라고 느껴보시길 바라요.

고르기 녹색의 익은 열매를 따서 보관하다 보면 후숙이 되어 조각 사이부터 노랗게 변해가며 부드러워지는데, 너무 익으면 갈색에서 검은색으로 변하고 물러져요. 이러면 맛도 떨어지니까 고를 때 참고하시고요. 만졌을 때 딱딱하고 벌어지지 않겠다 싶으면 두었다가 약 2~3일 후에 드시는 게 좋아요. 모든 과일은 후숙이 되어야 더 달고 맛있어지더라고요.

껍질 벗기기 잘 익은 후에 벌리면 가운데 단단하게 세로로 된 심이 있고 이걸 중심으로 여러 조각의 흰색 속껍질 같은 것이 모여 쌓여 있어요. 이 흰 부분의 속을 먹는 건데 각각 까만 씨가 하나씩 들어있지만 씨가 없는 것도 있기는 해요.

이용 및 가공 주로 생과일, 주스, 잼, 셔벗, 아이스크림 등으로 만들어 먹어요. 발효시킨 후 와인으로 만들어 먹기도 하지요.

▶ 열매 세로단면

▲ 시장에서 파는 열매

▶ 열매 세로단면과 씨

▲ 나무에 달린 덜 익은 열매

▲ 꽃

열량(100g당) ＊94kcal

영양성분(100g당) ＊탄수화물 23.6g,
지방 0.3g, 단백질 2.1g, 식이섬유 4.4g,
재 0.8g, 물 73.3g

아마존사포테 Abiu

과일박사의 맛점수

8.6~9.0

학명
Pouteria caimito (Ruiz. and Pav.) Radlk. (사포테과)

지역명
브라, 영아비우(abiu),
영에그프루트(eggfruit),
에콰카우제, 콜롬카이모,
페루카이미토

기원지
베네수엘라 남서부에서
페루에 이르는 안데스의
동사면 저지대~브라질
북서부 아마존 유역

재배지
에콰도르, 콜롬비아,
베네수엘라, 페루, 볼리비아,
브라질, 멕시코, 과테말라,
카리브해 연안, 열대아시아,
호주, 열대아프리카 일부

유통시기
에콰도르 3~4월, 브라질
9~4월, 미국 플로리다 10월,
동남아시아 8~9월

모양 페루, 에콰도르, 콜롬비아, 베네수엘라, 브라질 등 남미의 시장에서 흔히 볼 수 있는 과일이지요. 호주 북부, 동남아시아지역에서는 대도시보다 지방의 시장에서나 가끔 볼 수 있고요. 하와이에서는 길가의 과일상점에서도 구할 수 있더라고요. 열매는 큰 어른 주먹 크기이고 둥근데 표면은 매끄럽고 단단해요. 색은 연노란색이거나 노란색이에요. 열매가 덜 익었을 때는 딱딱하고 유즙도 많이 분비되지만 다 익고 난 후에는 유즙이 없어집니다. 나무에서 딴 후에 후숙까지 되면 과일의 흰 속살은 반투명한 젤리 같은 형태로 부드럽게 변합니다.

맛 반투명한 속살은 마치 젤리 같은 식감이 느껴지고 단맛이 강해요. 안에는 감 씨보다 약간 크면서 광택이 나는 씨가 1~4개 정도 들어 있어요. 적당하게 숙성한 열매의 젤리 같은 속살을 수저로 파먹을 때 입안에 퍼지는 달콤한 맛과 은은한 향은 글로 표현하기 힘들어요.

고르기 손가락으로 누르면 탄력이 느껴지면서 약간 들어갈 정도가 가장 맛있을 때랍니다.

이용 및 가공 열대과일 중 쉽게 변하는 과일 중 하나로 저장성은 아주 낮은 편이예요. 실온에서 보관하면 1~3일이 적당하고, 섭씨 12도에서는 1주일 정도 보관이 가능하지요. 생과일로 먹거나 잼, 주스, 아이스크림, 셔벗 등의 제조에 이용된답니다.

▶ 열매 세로단면

▲ 시장에서 파는 열매(브라질)

▲ 끝이 뾰족한 열매

▲ 시장에서 파는 열매

▲ 나무에 달린 덜 익은 열매

열량(100g당) ＊95kcal

영양성분(100g당) ＊ 탄수화물 14.5g,
지방 1.6g, 단백질 2.1g, 식이섬유 3.0g,
재 0.7g, 물 74.1g

아보카도 *Avocado*

과일박사의 맛점수

7.2~7.6

학명
Persea america Miller
(녹나무과)

지역명
영아보카도(avocado)/
앨리게이터페어(aligator
pear), 베보레다우, 캄아보카,
스페아후아카테/팔타

기원지
멕시코, 과테말라,
코스타리카

재배지
멕시코, 인도네시아, 칠레,
도미니카, 콜롬비아, 페루,
브라질, 미국, 중국

유통시기
미국 플로리다·중미 6~10월,
남미 12~4월

모양 아보카도는 요즘 우리나라에서도 쉽게 볼 수 있는 과일이지요? 처음에는 이게 무슨 밍밍한 맛인가 하다가도 몇 번 먹어보면 독특한 식감과 맛에 반하게 되는 과일인데요. 주로 생과일보다는 요리에 많이 이용하지요. 아보카도는 우리가 아는 서양배 모양만 있는 것이 아니라 원형도 있고, 크기며 무게, 가운데 동그랗게 하나 들어있는 씨의 크기까지도 아주 다양하답니다. 흔하게 보이는 품종은 겉이 짙은 녹색이면서 우둘투둘한 과테말라 품종이고, 표면이 반반하고 둥글며 광택이 나는 품종은 서인도제도 품종으로, 진녹색에 지방함량이 상대적으로 낮고 크기가 큰 것이 특징이지요. 반면 멕시코 품종은 크기가 작고 껍질이 얇으며 광택이 나는 짙은 녹색이랍니다.

고르기 우리가 흔히 시장에서 보는 신선한 아보카도는 딱딱하고 진녹색인데 후숙이 진행되면서 부드러워지고 검은색에 가까워집니다. 이렇게 속이 버터질로 변했을 때가 먹기에 가장 적당하지요.

껍질 벗기기 세로로 칼을 넣어 한 바퀴 돌린 뒤 양손으로 비틉니다. 한쪽에 붙은 씨는 칼끝으로 살짝 찍어 비틀면 빠진답니다. 껍질은 칼등으로 잡아당기면 쉽게 벗겨집니다.

이용 및 가공 과테말라 아보카도는 장기간 보관 가능하지만 멕시코 아보카도는 보관기간이 짧아요. 샌드위치나 햄버거에 넣거나 밀크셰이크, 샐러드, 아이스크림, 초콜릿, 칵테일 등에 이용해요. 화장품 제조에도 사용된답니다.

과일박사의 생생정보

빨리 먹지 않으면 상해요!
아보카도 속이 숟가락으로 파질 정도로 부드러운 이유는 지방 함량이 높아서랍니다. 2~3일만 지나도 딱딱한 느낌이 없어지는데 너무 물러지면 물컹거리는 데다 속이 부분적으로 변해서 먹을 수가 없으니 적당히 부드러울 때 얼른 드셔야 해요. 냉장고에서는 6주 정도 보관 가능합니다.

▲ 시장에서 파는 서인도제도 품종(필리핀)

▲ 시장에서 파는 과테말라 품종(미국)

▲ 열매 세로단면

▲ 나무에 달린 열매

▲ 시장에서 파는 멕시코 품종

열량(100g당) * 160kcal

영양성분(100g당) * 탄수화물 8.5g,
지방 14.7g, 단백질 2.0g, 식이섬유
6.7g, 재 0.8g, 물 81g

아세로라 *Acerola*

과일박사의 맛점수

7.2~7.5

학명
Malphigia emaginata D.C.
(말피기과)

지역명
영아세로라(acerola)/
바베이도스체리(barbados cherry)/
웨스트인디언체리(west indian cherry),
스페세레사(cereza),
프랑스리지에(cerisier),
베네세메루코(semeruco),
포르세레자이레(cerejeira),
필말피(malpi)

기원지
유카탄반도

재배지
남미, 카나리아제도, 가나,
에티오피아, 마다가스카르,
스리랑카, 인도, 대만, 호주,
하와이

유통시기
연중(주로 늦은 봄에서 여름)

모양 이름도 모양도 예쁜 아세로라는 언뜻 보면 서양버찌로 오해할 만한 정도의 크기와 색인데요. 가까이 가서 보면 불그스레하고 노란색도 좀 나서 알록달록하고, 양끝은 움푹 함몰되어 살짝 납작한 모양입니다. 가볍고 작아서 무게는 3~10g 정도밖에 안 나가지요.

맛 실제로는 아주 새콤해서 생으로 먹기보다는 다른 과일과 함께 갈아서 주스를 만들거나 과일칵테일 등으로 이용하는 편이지요. 한때 우리나라에서도 아세로라향 껌이 판매된 적이 있어서 독특한 향과 신맛을 기억하는 분도 있을 것 같네요.

이용 및 가공 아세로라에는 비타민C가 1kg당 20~40g이나 들어 있어 비타민C 제조에 중요하게 이용됩니다. 조그만 아세로라를 3개만 먹어도 하루 권장량을 다 섭취할 수 있을 정도랍니다. 비타민A도 비타민C만큼 많이 들어있고, 항산화효과가 다른 어떤 과일보다 우수해서 항산화제로도 뛰어난 가치가 있습니다. 브라질과 아르헨티나의 시장에서는 대량 유통되는데 주로 과일주스를 만들 때 같이 갈아서 맛을 내는 용도로 많이 쓰인답니다. 생과일로 먹는 건 기본이고, 잼, 젤리, 시럽, 비타민 제조 등 다양한 가공제품으로 만날 수 있어요.

과일박사의 생생정보

수확 후 빨리 드세요!
아세로라는 후숙이 어찌나 빨리 진행되는지 열매를 따고 4시간만 지나도 맛이 변한답니다. 냉동하지 않을 경우 곰팡이가 생기고 2~5일 만에 발효까지 다 되어버려요. 이렇게 쉽게 상하기 때문에 수확 후 얼른 먹거나 바로 가공해야 하는 단점이 있어요.

열대과일
100가지
맛여행
아세로라

▲ 시장에서 파는 열매(브라질)

▲ 3개의 방으로 구성된 열매

▲ 속살과 씨

▲ 나무에 달린 열매

열량(100g당) * 36~39kcal

영양성분(100g당) * 탄수화물 6.8~8.7g,
지방 0.4~1.0g, 단백질 0.4~1.8g, 식이섬유
0.4~1.2g, 재 0.2~7.2g, 물 83~90g, 비타민C

아키이 *Akee*

과일박사의 맛점수

7.3

학명
Blighia sapida König
(무환자나무과)

지역명
영아키이(akee),
아프리카아키에,
스페소베제탈,
과테후에보베제탈,
멕시페라로아, 쿠바플로데세소,
나이바하/핀자

기원지
카메룬, 가봉, 코트디부아르,
가나, 말리, 기니아,
나이지리아, 세네갈

재배지
아프리카, 미국 플로리다
남부, 자메이카, 코스타리카,
멕시코

유통시기
자메이카 연중, 미국
플로리다 7~9월, 바하마
2~4월/7~10월에 걸쳐 2번
수확

맛 일단 식감은 아삭하고 크림질이 느껴집니다. 맛은 약간 단 고구마 같은데, 제가 기대한 정도에는 못 미치는 것 같아요.

이용 및 가공 아키이는 지방함량이 높고 무기염류가 풍부한 영양 식입니다. 과일 속살을 생으로 먹거나 튀기거나 볶아서 먹어요. 자메이카에서는 속살을 발라 소금물에 끓여낸 후 조리에 이용하거나 통조림으로 만들어 널리 판매합니다.

▲ 열매 속살과 통조림

통조림에서 꺼낸 속살 ▶   Wikimedia

▲ 나무에 달린 열매(자메이카)

▲ 삼각형 모양의 열매

▶ 열매 세로단면

열량(100g당) ＊180kcal

영양성분(100g당) ＊탄수화물 6.5g, 지방
12.5~17.4g, 단백질 24.3g, 식이섬유
4.2g, 재 5.6g, 물 71.5g, 무기염류

▲ 시장에서 파는 열매(미국 플로리다)

자메이카 사람들이 사랑하는 과일

아키이는 제가 이 책에 소개하는 과일 중 가장 이상한 과일이랍니다. 왜냐고요? 제가 미국 플로리다 남부의 식물원에서 본 아키이 나무는 주변에 쇠사슬을 둘러 놓았고, 독성이 매우 강한 열매이니 절대로 먹지 말 것이라는 커다란 푯말이 붙어 있었어요. 그런데도 자메이카 사람들은 이 맛을 잊지 못하고 즐긴답니다. 플로리다 마이애미에 히스패닉과 흑인 인구가 많은 지역은 슈퍼마켓에 가면 아키이 통조림을 발견할 수 있습니다. 아키이 통조림은 주로 자메이카 혈통을 갖는 이민자들이 즐기는 음식이랍니다. 과거 흑인 노예들이 아메리카 사탕수수 농장으로 강제 이주될 때, 아프리카에서 먹었던 아키이 씨를 가지고 들어와 자메이카에 심었고 이것이 현재까지 이어져 식습관 중의 하나로 자리매김했습니다. 자메이카 사람들이 아키이 열매를 즐기는 것은 우리나라 사람들이 복어요리를 즐기는 것과 비슷합니다. 복어알도 독성이 강해서 잘못 먹으면 죽는 사람이 있는데 복어요리를 즐기잖아요.

그러면 아키이 어디에 독성 성분이 있을까요? 아키이 어린 열매의 속살에는 매우 높은 농도로 하이포글리신이라는 비단백질성 아미노산이 있는데 이 성분이 복통, 구토, 경련, 발작을 일으킵니다. 하이포글리신을 잘못 복용하면 혼수상태에 빠져 죽기도 한답니다. 어린이는 열매 한 개만 먹어도 혼수상태에 빠질 수 있습니다. 그런데 열매가 성숙하면서 이 독성 성분은 서서히 분해되고 완전히 익은 열매에서는 미미한 정도로만 남아 안전합니다. 앞페이지 사진에 있는 2개(실제는 3개)의 눈알 같은 까만 씨 보이시죠? 그 왼쪽에 누르스름한 속살이 2개(실제는 3개) 있는데 이것을 발라서 먹는답니다. 이 정도 익으면 독성이 거의 없으니 안심해도 됩니다. 미국의 경우, 자메이카로부터 수입되는 아키이 통조림은 독성물질이 함유되지 않도록 제조하는 공장에서 생산된 것만을 심의하여 수입을 허용하고 있답니다. 자메이카 농장에서는 성숙한 열매들을 채취하여 태양빛에 말립니다. 3일 내에 열매가 벌어지는 것만 속살을 발라서 멸균 처리하여 통조림을 제조한답니다. 안 열리는 열매와 분리한 씨는 독성 성분이 남아 있으므로 버립니다.

▼ 아키이로 요리한 자메이카의 전통음식

아테모야 Atemoya

과일박사의 맛점수

8.8

학명
Annona squamosa L.
X A. cherimola P. Mill.
(아노나과)

지역명
영아테모야(atemoya),
브라구라베올라, 멕시폭스/
푹스

재배지
호주, 이스라엘, 대만, 미국
플로리다 · 하와이, 인도

유통시기
호주 4~5월/10~11월,
미국 플로리다 8~10월,
대만 · 필리핀 6~8월, 남미
11~3월

모양 아테모야는 원래 아노나와 그물아노나의 잡종이에요. 따라서 열매 표면이 그물아노나보다는 더 도드라져 있고, 아노나보다는 평탄해요. 그러나 다양한 교배종이 있어 사실 구별이 좀 어려워요. 잡종강세라고 해야 할까요? 열매는 어버이 종들보다는 큽니다. 모양은 원뿔 모양 또는 심장 모양 정도의 둥그스름한 형태에 표면에는 돌기가 많고, 길이 8~15cm, 무게 500~800g 정도입니다. 품종에 따라 2kg까지 나가는 것도 있고요. 익기 전 단단한 것을 나무에서 따서 실온에 두고 3~5일 정도 지나면 딱 먹기 좋게 후숙이 됩니다. 그 기간이 지나면 물러지고 맛은 떨어지죠.

맛 남미의 시장에서 특히 많이 판매됩니다. 단맛이 강하고 과즙이 많으며 오디 같은 크림 맛도 납니다. 적당히 잘 익은 열매에서는 달콤한 향과 독특한 과일 맛과 함께 아이스크림과 같은 진하고 부드러운 식감을 느낄 수 있답니다.

껍질 벗기기 잘 익은 열매를 손으로 벌리거나 칼로 자르면 가운데에 세로로 중심축 부분이 있고 먹을 수 있는 흰 속 부분과 거기에 박혀 있는 까만 씨가 있죠.

이용 및 가공 섭씨 10도 정도의 저온에서 1주일, 냉장고에서 2~3주 정도는 보관할 수 있습니다. 생과일로 먹고, 가공식품으로는 통조림, 주스, 잼, 셔벗, 아이스크림으로 만들어 먹어요. 발효 후 와인으로도 제조합니다.

▲ (왼쪽부터)아노나, 아테모야, 그물아노나 열매 비교

▲ 시장에서 파는 열매(브라질)

▲ 시장에서 파는 열매(대만)

▲ 나무에서 성숙하는 열매

▲ 꽃

▶ 열매 세로단면

열량(100g당) * 74~94kcal

영양성분(100g당) * 탄수화물 18.1g, 지방 0.4~0.6g, 단백질 1.1~1.4g, 식이섬유 0.1~2.5g, 재 0.4~0.8g, 물 71.5~78.7g

69 찐 단호박 맛이 나는
안데스사포테 *Northern Yellow Boxwood*

과일박사의 맛점수

8.2~8.8

학명
Pouteria obovata Baehni
(사포테과)

지역명
칠레, 페루루크모,
에콰, 콜롬루크마, 멕시, 코스마몬

기원지
페루, 볼리비아, 콜롬비아

재배지
중남미(특히 안데스
중산간지역)

유통시기
9~4월

모양 과일의 속살은 노란사포테와 비슷한 노란색인데 겉이 초록색으로 노란사포테와 달라요. 열매도 노란사포테보다는 둥글고 아래쪽에 작은 꽃받침이 남아있어서 얼른 보기에는 검은 감 같기도 하지요. 크기는 지름 8~12cm 정도로 어른 주먹만 한데 가끔 껍질이 터져서 노란 속살을 살짝 내놓기도 하지요. 익어도 겉이 초록색이지만 속은 노란색, 오렌지색입니다.

맛 촉감이나 색깔은 딱 달걀노른자와 같지만 다른 과일에서는 경험하기 힘든 아주 독특한 식감과 맛이 납니다. 맛있게 찐 단호박 같은 맛인데 질감은 푸석푸석해서 먹을 때 물이나 소다수가 필요하지요. 찌거나 굽지도 않은 생과일이 이렇게 맛있는 풍미를 낸다는 게 어찌나 신통하고 좋던지요. 페루 여행 중 안데스사포테 2개를 먹었는데 한 끼 식사는 그냥 건너 뛰었답니다.

고르기 칼로 자르면 가운데에 암갈색의 크고 둥근 씨가 2개 들어 있어요. 껍질은 얇고 잘 벗겨지며 손으로 눌러보아 약간 부드러운 것이 먹을 수 있는 것입니다. 딱딱한 것은 실온에서 3~5일 후숙이 필요합니다. 잘 익은 노란색의 안데스사포테는 맨손으로도 쉽게 쪼갤 수 있어요.

이용 및 가공 생과일로 먹거나 시럽, 아이스크림으로 만들어 먹습니다. 또한, 말린 가루를 조리에 이용하기도 합니다.

과일박사의 생생정보

안데스사포테는 안데스로 가야 해요!
노란사포테가 열대지역에 광범위하게 재배된다면, 안데스사포테는 원산지인 남미 칠레, 에콰도르를 중심으로 한 안데스의 중산간지방에 인접한 지역에서 주로 재배한답니다. 따라서 중남미를 여행해야만 쉽게 접할 수 있는데, 칠레, 페루, 에콰도르, 볼리비아, 콜롬비아 등에서 쉽게 접할 수 있는 과일이랍니다.

열대과일
100가지
맛여행
안데스사포테

▲ 시장에서 파는 열매(페루)

▶ 껍질이 터져서 벌어지는 열매와 꽃받침

▲ 열매 세로단면

▲ 열매 안에서 발아하는 씨

열량(100g당) ＊99kcal

영양성분(100g당) ＊탄수화물 14.5g,
지방 0.5g, 단백질 1.5g, 식이섬유 1.3g,
재 0.7g, 물 65~72g, 인, 칼슘, 비타민A

오렌지 Sweet Orange

5.0~7.6

학명
Citrus sinensis Osbeck
(귤과)

지역명
영스위트오렌지(sweet orange)

기원지
중국, 미얀마, 베트남

재배지
동남아시아, 미국, 중남미, 지중해 연안, 아프리카

유통시기
열대지역 연중, 아열대지역 초가을~이른봄

이용 및 가공 크게 3가지 품종이 재배됩니다. 껍질을 까면 큰 오렌지 위에 먹을까 말까 할 정도로 작은 오렌지가 하나 더 있는 네이블 오렌지군(Navel oranges), 속이 붉은색인 붉은색 오렌지군(Blood oranges), 그리고 일반 오렌지군(Common oranges) 등의 품종이지요. 네이블 오렌지군은 주로 생과일로 먹고, 붉은색 오렌지군과 일반 오렌지군은 오렌지주스를 만듭니다. 또한 잼이나 화장품, 향수 등의 제조에 사용되기도 합니다.

자몽(Grapefruit, *C. maxima* x *C. sinensis*) – 큰귤(*C. maxima*)과 오렌지 사이의 잡종이랍니다. 1823년에 플로리다에 도입되어 미국에서만 여러 품종이 개발되었지요. 연간 생산량은 600만 톤 정도이며 이 중 미국 생산량이 30% 정도로 가장 많고 소비도 가장 많이 이루어집니다. 이어서 중국, 남아프리카공화국, 멕시코, 시리아, 이스라엘 순으로 생산량이 많지요. 열매는 지름 10~15cm로 크고 껍질은 두꺼우며 신맛이 센 편이에요. 과일의 속은 흰색, 연노란색, 붉은색, 분홍색 등이 있지요. 색에 따라 흰색 품종과 붉은색 품종으로 크게 나눌 수 있고요. 붉은색 품종에는 루비레드(Ruby Red), 리오 레드(Rio Red), 스타루비(Srar Ruby)가, 흰색 품종에는 트리움푸(Triump), 던칸(Duncan) 등이 있어요.

스위티(Sweetie, Oroblanco, *C. maxima* x *C. paradisi*) – 큰귤과 흰색 자몽 사이의 잡종으로 크기는 자몽만 하고 껍질은 녹색 또는 황색이에요. 이스라엘에서 개량된 것을 스위티라고 하고 캘리포니아에서 개량된 것을 오로블랑코라고 부르는데 같은 품종이지요. 우리나라에도 수입되었으니 맛보시길 바랍니다.

열매 가로단면 ▶

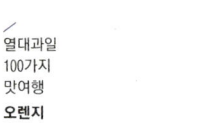

▲ 시장에서 파는 열매(브라질)

▲ 시장에서 파는 열매(브라질)

캘리포니아 오렌지의 기원은 중국

오렌지 하면 캘리포니아나 플로리다 오렌지가 떠오르지만 놀랍게도 그 기원은 중국이랍니다. 오렌지는 기원전 2500년부터 재배되던 것이 서기 200년경에 유럽으로 전파되었다가 로마제국의 멸망과 함께 사라졌습니다. 그러나 15세기에 포르투갈 항해사들에 의해 다시 유럽으로 수입되어 그때부터 재배지가 전 유럽으로 급격히 퍼진 것이죠. 그 다음에 스페인 항해사들이 북미와 남미에 전파했고, 미국 플로리다에서 1872년부터 적극적으로 재배되기 시작했지요. 오렌지의 연간 생산량은 69백만 톤(2009년)이라니 어마어마한 양이지요? 브라질, 미국, 인도, 멕시코, 중국, 스페인 순으로 생산량이 많답니다.

▲ 나무에 달린 열매(미국 하와이)

열량(100g당) ＊ 47~51kcal

영양성분(100g당) ＊ 탄수화물 12~12.7g, 지방 0.1~0.3g, 단백질 0.7~1.3g, 식이섬유 0.5g, 재 0.5~0.7g, 물 86g, 비타민A·C, 칼슘, 인

올리브 Olive

과일박사의 맛점수

5.6
생올리브

5.2
절인 올리브

학명
Olea europaea L.
(올리브과)

지역명
영올리브(olive), 아랍자이툰,
이탈오리바, 그리에리아,
터키제이틴, 중무지란(油橄欖)

기원지
지중해 동쪽, 아프리카
북동부, 동남부 유럽,
서부아시아

재배지
지중해성기후 지역(스페인,
이탈리아, 그리스, 터키
4개국이 전체 생산량의 75%
차지), 아열대지역

유통시기
연중, 지중해 인근
9~11월(녹색 올리브)/11월
중순~2월 초(갈색~검은색
올리브)

이용 및 가공 통계자료에 의하면 올리브의 90%는 올리브유 생산에 이용되고, 나머지 10%가 올리브로 소비된답니다. 최근 들어 국내의 올리브유 소비도 늘어나고 있으며 수입도 증가하고 있습니다. 우리가 흔히 피자나 햄버거 또는 샐러드에 쓰는 올리브 과육은 쓴맛을 먼저 제거하는 단계가 필수적입니다. 알칼리액 처리, 소금물 처리, 식초 처리, 발효과정 중 하나를 거치고 씨를 제거한 후 가미과정을 끝내고 유통됩니다. 완전히 익기 전의 녹색 올리브 또는 완전히 익은 검은색 올리브를 이용하기도 해요. 이렇게 처리한 올리브를 캔이나 병에 담아 판매한답니다. 처리방법에 따라 녹색 올리브가 검은색 또는 붉은색으로 변하기도 합니다. 제가 아직 맛은 못봤지만 올리브의 어떤 품종은 쓴맛이 거의 없어서 처리과정을 거치지 않고 먹을 수 있다고 하네요.

과일박사의 생생정보

좋은 기름이 가득해요!

올리브 씨와 과육 모두 기름이 풍부한데 이는 과육의 세포 내에 기름을 저장하는 유체(油體)가 잘 발달되기 때문입니다. 과육은 수분(50~60%)과 기름(20~30%)이 대부분이고 기타 단백질, 탄수화물, 식이섬유가 소량 들어있으므로 훌륭한 식품이지요. 과육을 기계로 짜거나 화학용매를 이용하여 추출·정제한 기름은 풍미가 있어 지중해지역에서 오랫동안 식용유 및 미용유로 이용해왔습니다. 올레산(oleic acid)과 같은 단일불포화지방산의 함량이 높고 포화지방산이 낮은 고품질의 식용유를 생산하므로, 심혈관 질환의 발병률을 낮춘다는 연구결과가 많습니다.

향긋한 올리브 오이소스

1. 오이(2개)는 씨를 제거하고 강판에 간다.
2. 그린 올리브(5개)는 곱게 다지고, 레몬(½개)은 즙을 낸다.
3. 파슬리(1줄기)는 줄기를 제거하고 잎을 곱게 다진다.
4. 큰 볼에 오이, 그린 올리브, 설탕(1큰술)을 넣어 설탕이 완전히 녹을 때까지 섞고, 약간의 소금, 식초(1큰술), 레몬즙, 올리브오일(100mL), 파슬리를 넣는다.
5. 섞은 재료를 믹서에 곱게 갈아 완성한다.
6. 해산물을 넣은 차가운 샐러드 요리에 이용한다.

▲ 시장에서 파는 절인 올리브(페루)

▲ 시장에서 파는 절인 올리브(페루)

▲ 나무에 달린 익은 열매

▲ 덜 익은 열매

열량(100g당) * 115kcal

영양성분(100g당) * 탄수화물 6.3g, 지방 10.7g, 단백질 0.8g, 식이섬유 3.2g, 재 2.2g, 물 80g

용과 Dragon Fruit

과일박사의 맛점수

7.2~7.8

학명
Hylocereus undatus
(Harworth) Britton & Rose
(선인장과)

지역명
영레드피타야(red pitaya)/
드래곤프루트(dragon fruit),
스페피타야로하, 중훠롱거,
베탄롱, 태케오만콘,
인, 말부하나가

기원지
멕시코, 과테말라

재배지
중남미, 중국 남부, 일본
오키나와, 베트남, 태국,
필리핀, 인도네시아,
말레이시아, 스리랑카, 인도,
이스라엘, 중동, 호주 북부,
우리나라 제주도(온실)

유통시기
열대지역 연중,
아열대지역에서는
여름철~초가을

모양 이름처럼 겉모양이 마치 용의 비늘이 붙어 있는 것처럼 생겼는데, 붉은색도 무척이나 곱고 끝은 살짝 녹색을 띠고 있어 매우 예쁘답니다. 열매 하나는 200~600g 정도인데 큰 것은 1kg이 넘기도 해요. 선인장같이 생긴 기다랗고 가는 여러 개의 줄기에 용과가 달려 있는 모습은 마치 길쭉한 선인장의 꽃이 아닌가 하는 생각이 들 정도인데 엄연히 열매랍니다. 속은 과연 어떻게 생겼을까 하고 칼로 반을 잘라보면 눈처럼 하얗게 속이 꽉 차 있고 그 안에는 작고 까만 씨가 온통 박혀 있어 보기만 해도 매우 신기하고 이색적인 과일이지요.

맛 씨는 작아서 씹는 느낌이 거의 없으니까 그냥 먹으면 되고요. 약간 단맛이 날 뿐 상당히 단순한 맛이에요. 마치 외모는 화려하지만 알고 보면 단순하고 담백한 사람을 보는 것 같죠. 품종에 따라 혹은 열매에 따라 아무 맛이 안 나는 것도 있어요.

이용 및 가공 생과일로 먹거나 건조해서 절편, 주스, 아이스크림, 잼을 만들어 먹어요. 칵테일로 제조하고, 용과주라는 술의 원료가 되기도 하지요.

과일박사의 생생정보

당뇨병과 다이어트에 최고!
용과는 수분 함량이 많고 식이섬유도 풍부하고 열량은 낮은 데다 무기질까지 많아서 당뇨환자의 식이요법에 아주 적당해서 널리 이용되기도 한답니다. 다이어트로 과일을 많이 먹기 주저하는 독자라도 이 과일은 걱정 없이 많이 드세요.

▶ 시장에서 경매되는 열매

▲ 시장에서 파는 열매(태국)

▶ 나무에 달린 열매(말레이시아)

▲ 열매 가로단면

▲ 용과 나무

▶ 열매 세로단면

열량(100g당) ＊ 35~50kcal

영양성분(100g당) ＊ 탄수화물 9~14g,
지방 0.1~0.6g, 단백질 0.15~0.5g,
식이섬유 0.3~0.9g, 재 0.1g, 물 80~90g

73 용의 눈을 감싼 달콤함
용안 Longan

학명
Dimocarpus longan Lour.
(무환자나무과)

지역명
중, 롱앤(longan),
영 드래곤아이프루트(dragon
eye fruit), 스 롱갠, 인, 말랭갱,
미 퀘에트모욱, 캄 미엔,
라 남나이, 태 람미아이파, 베난

기원지
미얀마 북부, 중국 윈난성
남부·광시성·광둥성·
하이난성

재배지
중국 남부, 태국, 대만,
베트남, 호주, 미국
하와이·플로리다

유통시기
중국 7~9월, 태국 6~8월,
대만 7~10월, 호주 1~4월,
브라질 1~3월

모양 껍질을 벗겨낸 과일의 모양이 용의 눈처럼 생겼다 하여 용안(龍眼)이라는 이름을 갖게 된 과일인데요. 껍질을 까면 반투명한 속살 속으로 까맣게 비치는 씨의 모양이 정말 용의 눈알 같아요. 현지 지역시장에 가면 지름 1~3cm 정도 되는 동그란 용안 열매들이 가지에 주렁주렁 달린 채 팔리고 있지요.

맛 열매 한 가운데에 들어있는 까만 씨가 비쳐 보일 정도의 반투명한 속살은 무척 달고요. 양파 냄새와 풋내가 섞인 듯한 특유의 향을 지녔어요. 신맛이 약간 있지만 단맛에 가려져 거의 느끼기 힘들 정도랍니다.

고르기 표면에 광택이 있고 가지에 싱싱한 잎이 함께 붙어 있는 것을 고르는 게 좋고요. 검은색 혹은 갈색의 씨는 매끈거리면서 광택이 나고 딱딱하죠. 씨가 작고 속 알맹이가 큰 품종이 당연히 좋고 실한 품종이겠죠. 가격도 비교적 저렴해서 손쉽게 구할 수 있습니다.

껍질 벗기기 껍질은 엄지와 검지로 잡고 약간 눌러서 벌리면 쉽게 벗겨져요. 껍질을 벗긴 후에 반투명한 흰색의 알찬 속살을 꺼내 먹을 수 있지요. 여행 다닐 때 용안을 한 봉지 가득 들고 다니면 칼이나 다른 도구 없이 어디서나 까먹을 수 있어요. 목마를 때는 수분 보충이, 출출할 때는 훌륭한 간식거리가 된답니다.

이용 및 가공 용안은 섭씨 18도 이하로 보관하면 15일, 4도로 보관하면 한 달까지도 보관할 수 있어요. 생과일로 주로 먹는데 우리나라에 냉동된 열매가 수입되어 부분적으로 판매도 되고 있답니다. 과육을 건조해 제품 및 통조림 등으로 가공한 것도 많이 이용되고 있으며 용안 시럽과 음료도 개발되고 있어요. 용안을 발효하여 만든 술도 일부 지역에서 맛볼 수 있다고 하네요.

▶ 열매 세로단면

▲ 시장에서 파는 열매(중국 광둥성)

▶ 가판대에서 파는 열매(인도네시아)

▲ 칼로 껍질을 도려낸 열매 속살

▲ 나무에 달린 열매

열량(100g당) ＊ 109kcal

영양성분(100g당) ＊ 탄수화물(주로 단당류 및 이당류)
25.2g, 지방 0.5g, 단백질 1.0g, 식이섬유 0.4g,
물 72.4g

인도대추 Indian Jujube

과일박사의 맛점수

8.2

학명
Ziziphus mauritiana
Lamarck (갈매나무과)

지역명
영인디안주주베(indian jujube), 인도베르, 캄푸트레아,
인위다라/다라/비다라, 라탄,
말비다라/주줍/이팔시암,
미지펜/지지다우,
필만자니타, 태푸트사/
마탄, 베타오/타오눅,
중디안지자오(滇刺枣),
아랍나박(아랍)

기원지
인도, 말레이시아

재배지
인도, 태국, 중국 남부,
열대아프리카, 중동, 지중해
인근, 카리브해 인근

유통시기
아시아 열대지역 연중,
캄보디아·태국 10~2월, 중국
남부 9~1월

모양 우리가 대추라고 하면 갸름한 타원형에 붉은빛이 나는 주름 많은 열매를 연상하지만, 인도대추는 그것보다는 더 둥글고 색깔도 녹색, 연노란색, 노란색 혹은 오렌지색이에요. 크기는 우리나라 대추보다 대체로 크지만 작은 품종은 우리나라 대추만 한 것도 있긴 있어요. 가장 널리 유통되는 인도대추 품종은 색이나 크기, 모양이 오히려 자그마한 녹색 사과에 가까워요. 사과와 가장 큰 차이점은 중앙에 갈색 대추 씨가 하나만 있다는 점이고요.

맛 맛도 사과에 더 가깝지만 달고 신맛은 사과보다는 못해요. 그래도 수분이 많고 흰색의 속은 살이 많고 아삭거려서 먹으면 상큼하고 기분이 좋아요. 녹향도 은은히 나고요.

껍질 벗기기 껍질도 얇아서 그냥 먹으면 된답니다. 열대지방에서 갈증이 났을 때 먹기에 편하죠. 동남아시아 여행 다닐 때 꼭 한번 드세요.

이용 및 가공 큰 열매는 주로 생과일로 먹고요. 작은 과일은 대추처럼 말려서 이용해요. 이외에 열매는 건조시켜 가루로 만들어 버터, 치즈, 캔디, 카레 등을 만드는 데 사용합니다. 또한 열매를 식초나 소금에 절여 먹기도 하고, 발효시켜 주주바 술을 제조하기도 한답니다. 인도대추는 우리나라 남부지방에서 온실 재배가 가능할 것으로 보여요. 맛과 가치가 있어 앞으로 우리나라에 재배를 권장할 만한 과일이에요.

▼ 노란빛을 띤 작은 품종

▶ 열매 세로단면

▲ 시장에서 파는 열매(중국 하이난성)

▶ 붉은빛을 띤 작은 품종

▲ 나무에 달린 덜 익은 열매

▲ 꽃과 어린 열매

열량(100g당) * 36~39kcal

영양성분(100g당) * 탄수화물 17.0g,
지방 0.1g, 단백질 0.8g, 식이섬유 0.6g,
재 0.3~0.6g, 물 81.6~83.0g

인도오디 Indian Mulberry

과일박사의 맛점수

7.6~8.0

학명
Morinda citrifolia L.
(꼭두서니과)

지역명
영인디언멀베리(indian
mulberry)/노니(noni),
인도누나카이, 인, 말맹쿠두,
발리쿠무두, 자바페이스,
피지쿠라

기원지
인도네시아, 호주 북부

재배지
적도를 중심으로 남·북위
19도 이내 열대지역,
인도~태평양 섬에 이르는
지역, 북미와 남미의
열대지역, 열대아프리카

유통시기
열대지역 연중, 북반구
아열대지역 8~12월

모양 인도오디 열매는 벌어지지 않은 작은 솔방울 모양으로, 표면에 그물 무늬가 정교하게 나 있어요. 열매가 자라는 동안 지속적으로 꽃이 피기 때문에 열매 위에 꽃이 달린 것을 볼 수 있고요. 처음에는 연녹색이다가 익으면서 점차 노란빛이 나는 흰색이 되어 열매가 부드러워져요. 다 익으면 길이 5~10cm, 지름 3~4cm 정도 크기의 원통형이거나 솔방울형이 되죠.

맛 맛이 없어서 생과일로 먹지 않아요. 다른 과일과 같이 갈아서 과일주스로 먹는답니다.

이용 및 가공 인도오디는 우리 몸의 물질대사를 돕는 성분이 있어 건강식품으로 알려져 있어요. 주로 건강보조식품으로 판매되며 다양한 가공식품이 유통됩니다. 열매를 소금에 찍어서 날 것으로 먹거나, 즙을 짜서 음료로 이용해요. 덜 익은 열매는 카레, 코코넛 등과 함께 음식을 만들기도 합니다. 상업적으로 활용하는 가장 큰 시장은 주스 시장으로 열매의 즙을 짜서 60일 정도 발효시킨 발효 주스를 살균포장하여 판매합니다. 또한 다른 주스를 배합하거나 향기를 넣어 포장하고 농축액을 판매하기도 해요. 열매를 건조시킨 가루나 절편도 파는데 브라질에서는 인도오디를 차로 만들어 먹기도 한답니다.

과일박사의 생생정보

앞뜰에서 세계시장으로…
인도오디는 최근 하와이에서 대규모 재배단지가 조성되고 있긴 하지만 큰 시장에서 유통되는 경우는 거의 없었습니다. 남미, 열대아시아 태평양 섬나라 시장에서 소규모로 판매되거나, 대개는 집 앞뜰에서 몇 그루씩 재배하여 식용이나 약용으로 이용하는 정도로 활용되었죠. 하지만 세계에서 상업적으로 재배하는 경우가 많이 늘어나고 있습니다. 열대지역의 집 앞뜰에서 자라던 오디가 미국, 멕시코, 아시아, 호주 등지에서 제법 소비가 많이 되고 있어 연간 5천억 원 정도의 거래가 이루어지고 있답니다.

열대과일
100가지
맛여행
인도오디

▲ 가판대에서 파는 열매(인도네시아)

▶ 열매 세로단면

▲ 꽃과 열매

▲ 시판되는 인도오디 차(브라질)

열량(100g당) ＊15.3kcal

영양성분(100g당) ＊탄수화물 3.4g,
지방 0.1g, 단백질 0.43g, 물 95.7g

잉가 Ice-cream-bean Tree

학명
Inga edulis Mart. (콩과)

지역명
영아이스크림빈트리(ice-cream-bean tree), 포르잉가시포, 스페구아마/구아바

재배지
브라질, 볼리비아, 페루, 에콰도르, 콜롬비아, 중남미, 호주 북부, 열대아시아, 열대아프리카

유통시기
남반구 10~4월

모양 잉가는 아마존 상류지역에 자생하고 재배되는 종으로 콩 껍질의 길이가 긴 것은 1m에 이르고(주로 50cm 이내) 지름이 2~5cm 정도로 긴 칼 모양입니다. 볼리비아, 페루, 에콰도르, 콜롬비아 등의 청과물시장을 가보면 칼 자루 같이 생긴 긴 콩을 쌓아두고 파는데 잉가라고 생각하시면 됩니다. 콩은 주로 씨(콩알)를 먹는데 왜 까서 팔지 않고 큰 콩 껍질째로 판매하는 걸까요? 주로 콩알이 아니고 속살을 먹기 때문이랍니다. 콩에 속살이 어디 있느냐고요? 사진에서 흰 속살과 까만 씨 보이시죠?

맛 차갑지는 않지만 아이스크림 같은 촉감을 주며 꿀 같은 향기가 납니다.

껍질 벗기기 콩을 벌리려면 일단 힘이 필요합니다. 두 손으로 콩을 잡고 세게 뒤틀면 콩 껍질이 열리고 흰 속살이 드러납니다. 완전히 껍질을 벌리고 수저로 흰 속살을 파먹으면 달콤한 속살을 맛볼 수 있습니다.

고르기 시장에서 잉가 콩을 고를 때는 싱싱한 녹색을 골라야 합니다. 다른 과일은 잘 익고 후숙이 어느 정도 진행되어야 제 맛이 나는데, 잉가 콩은 나무에서 익기 전에 수확하여 바로 먹을 때 최고의 맛이 납니다. 시간이 지날수록 흰 속살이 물러지고, 콩이 완전히 익으면 속살의 양도 적어지고 맛도 없어진답니다. 여행자들은 언제가 수확 적기인지 잘 모르지만 지역민들은 경험으로 수확시기를 잘 알고 있답니다. 따라서 시장에서 구입하여 달콤한 속살을 맛보려면 녹색의 싱싱한 것을 골라야 한다는 팁을 알려 드립니다.

이용 및 가공 흰 과육을 바로 먹거나, 다른 음식의 맛을 내는 데 사용합니다. 콜롬비아 인디언들은 과육을 발효시켜 '카치리'라는 술을 빚어 마시기도 해요.

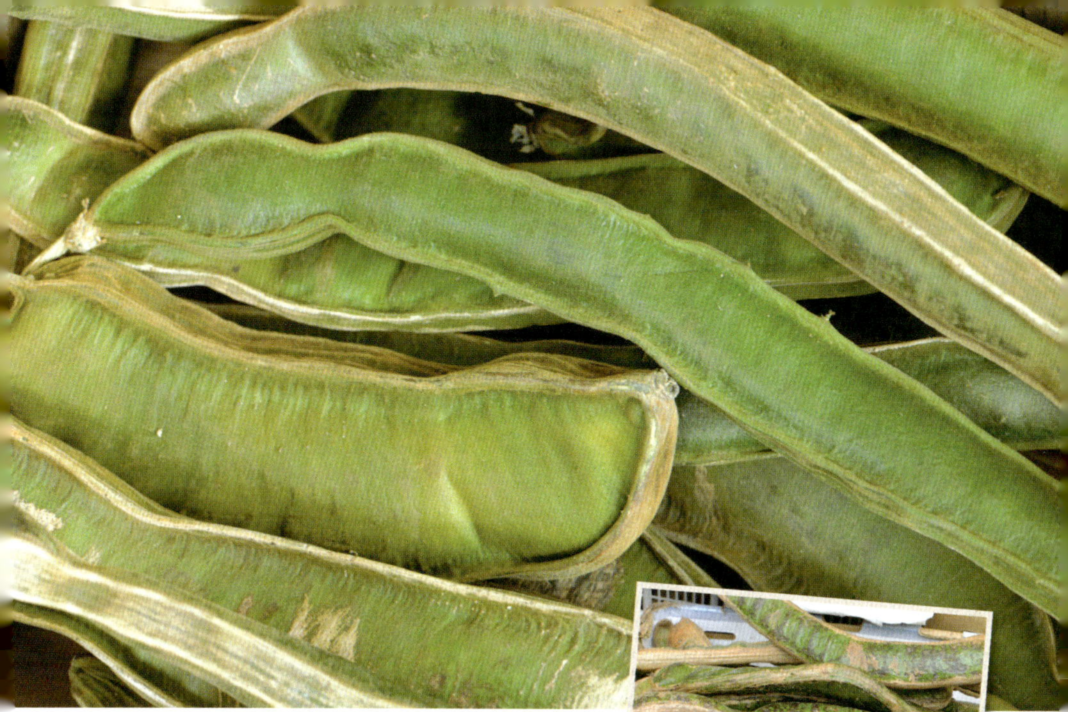

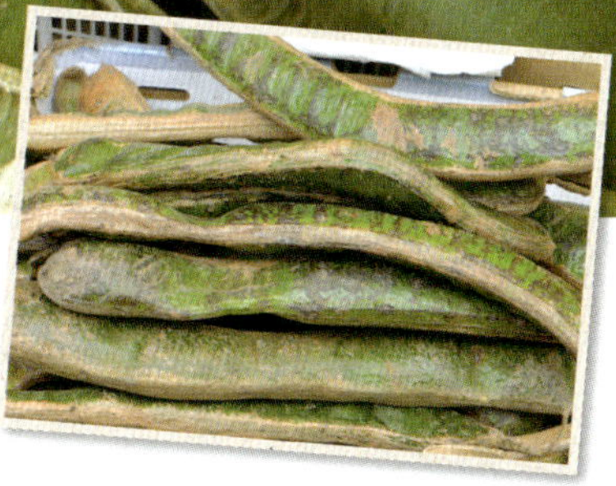

▲ 시장에서 파는 열매(칠레)

과일박사의 **생생정보**

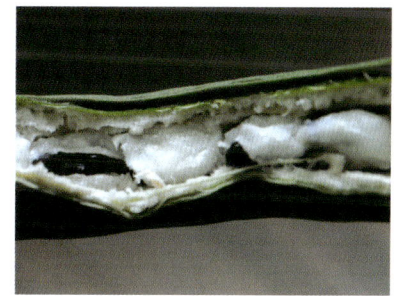

얼려 먹으면 더 맛있어요!

저는 잉가 콩의 달콤한 맛을 잊지 못합니다. 흰 속살을 파내어 컵에 담은 다음 냉장고나 냉동고에 넣고 얼려 먹으면 아이스크림은 저리 가라 할 정도입니다. 여행지에 냉동고가 어디 있냐고요? 저는 페루를 여행할 때 한 호텔에서 잉가를 주며 냉동해 달라고 부탁했더니 주방에서 사람이 나와 빙긋이 웃으면서 얼려 주더라고요. '어, 이사람, 이런 것도 즐길 줄 아네!' 하고 생각했겠지요.

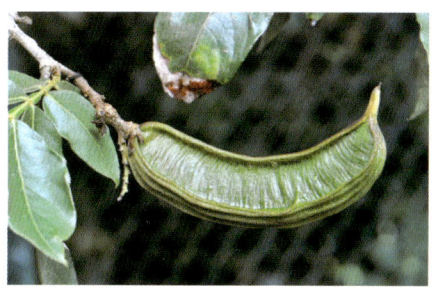

▲ 흰 속살과 까만 씨

▲ 나무에 달린 열매

열량(100g당) * 과육 60kcal, 건조한 씨 339kcal

영양성분(100g당) * 탄수화물 15.5g, 지방 0.1g, 단백질 1.0g, 식이섬유 1.2g, 재 0.4g, 물 63.3g

미네랄과 수분이 풍부한
자바사과 *Java apple*

과일박사의 맛점수

7.6~8.2

학명
Syzygium samarangense
Merr. & Perry (도금양과)

지역명
영자바애플(java
apple)/왁스애플(wax
apple), 말잠부에어마왈,
인잠부세마랑, 스피니잠부,
인도줌룰/잠롤/임룰,
태촘푸/촘푸키에오, 필마코파,
베만, 중리안우(蓮霧)/
양푸타오(洋蒲逃)

기원지
인도네시아, 말레이시아,
태국 남부

재배지
필리핀, 인도네시아,
말레이시아, 태국, 캄보디아,
라오스, 베트남, 대만, 중국
하이난성, 인도, 동아프리카
열대지역, 카리브해 인근

유통시기
스리랑카 3~5월, 인도 5~6월,
태국 5~8월, 인도네시아 자바
6~8월, 대만 5~7월, 미국
하와이 5~7월

모양 자바사과는 작은 주먹만 한 크기로 서양배나 표주박처럼 생겼고, 겉은 붉은 사과와 비슷한 과일이에요. 사과처럼 단단해도 잘라보면 속은 매우 희고 구멍이 송송 나 있어요.

맛 자바사과의 속을 보고 스폰지처럼 푸석하지 않을까 생각하기 쉬워요. 하지만 오히려 나무에서 금방 딴 것처럼 딴딴하면서도 물이 무척 많아 식감이 좋습니다. 그런데 단맛, 신맛이 너무 약해서 밍밍하게 느껴지는 맛이에요. 그냥 맛이 사라진 신선한 사과를 먹는 기분이 들죠. 대신 물이 많고 미네랄도 풍부합니다. 씨도 없고 열매도 크지요. 우리나라에서 씨 없는 포도를 재배하는 원리와 같아요. 다이어트로 열량 섭취에 민감하다면 이 과일은 크게 걱정하지 않으셔도 돼요.

고르기 보통 동남아 시장에선 연중 구입이 가능해요. 건조기에 수확하거나 겨울철에 수확하는 것이 수분함량이 낮고 당도가 높아 맛이 좋습니다.

이용 및 가공 생과일로 먹거나, 소금에 절이거나 다양한 소스와 함께 샐러드 같은 요리에 이용할 수 있어요.

▲ 나무에 달린 열매

▲ 시장에서 파는 열매(인도네시아)

▲ 시장에서 파는 붉은색 품종(태국)

▲ 시장에서 파는 녹색 품종(말레이시아)

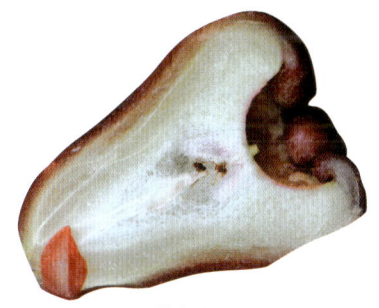

▲ 열매 세로단면

열량(100g당) ＊ 80kcal

영양성분(100g당) ＊ 탄수화물 8.0g,
지방 0.1g, 단백질 0.6g, 식이섬유
0.7g, 재 0.4g, 물 91.4~93.0g

작은빵나무

8.2
생과일

7.6
조리된 어린열매

학명
Artocarpus integra Merr.,
(뽕나무과)

지역명
영챔배딕(chempedak),
말챔패딕/태매딕/방콩/봉콩,
인채패딕/추바다/카칸,
미손카다트, 태참파다,
베틋토누

재배지
말레이시아, 태국,
인도네시아, 파푸아뉴기니,
베트남

유통시기
연중(주로 늦은봄에서 여름)

모양 작은빵나무 열매는 말레이시아 시장에서 비교적 흔하게 볼 수 있습니다. 그러나 동남아시아의 다른 지역시장에서는 봄부터 늦여름에 걸쳐 가끔 볼 수 있습니다. 익은 열매 모양은 큰빵나무와 매우 유사하나 큰빵나무에 비해 열매의 크기가 작고 과일 표면의 황갈색이 선명하며, 껍질이 판판하고 윤기가 있습니다. 작은 육각형 무늬가 뚜렷해서 큰빵나무와 쉽게 구분됩니다. 열매의 크기는 길이 20~50cm, 지름 10~17cm에 이르며, 무게는 1~4kg 정도이니 큰빵나무의 절반 정도의 크기라고 할까요? 작은빵나무와 큰빵나무가 가까운 곳에 동시에 자랄 경우 잡종이 만들어지는데 말레이시아에서는 중간잡종을 종종 볼 수 있답니다.

맛 속살의 맛은 달콤하면서 두리안 맛이 조화된 것 같고, 씹히는 감촉이 부드럽고 향긋한 냄새가 납니다. 속살은 섬유질이 많고 뒤에 아린맛이 약간 남습니다. 맛에 대한 저의 평가는 큰빵나무보다는 월등한 맛이라는 겁니다.

고르기 달콤한 향이 진하고 황갈색 광택이 있어야 잘 익은 열매입니다.

껍질 벗기기 열매의 긴 축을 따라 칼로 자르면 가운데에 큰 축이 있고, 이 축을 중심으로 알같이 생긴 속살이 덩이덩이 달려있는 것을 볼 수 있습니다. 이 둥그런 속살 안에 갈색의 씨가 하나씩 있는데 씨만 빼고 흰 속살을 먹을 수 있습니다. 잘 익은 과일은 가운데 축을 들어 올리면 둥글고 탐스러운 속살이 축에 붙어서 껍질과 분리됩니다.

이용 및 가공 생과일로 먹거나 수프, 시럽, 아이스크림, 각종 요리로 만들어 먹습니다. 인도네시아에서는 안 익은 열매를 볶아서 채소로 밥과 같이 먹는데 먹을 만합니다. 과일은 말려서 건과로 팔기도 하구요. 씨는 삶거나 튀기거나 구워 먹고 따로 볶아 견과류 같이 먹는데 영양분이 풍부한 간식거리가 된답니다.

▲ 시장에서 파는 열매(인도네시아)

▲ 잘 익은 열매 속살

◀ 덜 익은 열매 세로단면 - 요리용

▲ 잘 익은 열매 세로단면 - 생과일용

▲ 나무에 달린 익은 열매

▲ 요리용으로 파는 열매 속살 조각

열량(100g당) * 117kcal

영양성분(100g당) * 탄수화물 25.8g,
지방 0.4g, 단백질 2.5g, 식이섬유
3.4g, 재 0.6g, 물 66.7g, 비타민B군

카란다 Karanda

과일박사의 맛점수

6.8~7.8

학명
Carissa congesta Wight
(협죽도과)

지역명
영카란다(karanda),
인도카라운다, 말케렌다,
태남프롬/남댕, 필카람바/
카란다, 중치황궈(刺黃果)

재배지
말레이시아, 캄보디아,
필리핀, 태국, 베트남,
인도네시아, 중국 남부,
열대아프리카, 미국
플로리다 · 캘리포니아,
카리브해 인근

유통시기
동남아시아 5~6월(덜 익은
열매)/8~9월(익은 열매)

모양 완전히 익은 과일은 진한 자주색에서 검은색으로, 알갱이 크기는 작은 포도알이나 큰 올리브 정도인데 약간 길죽합니다. 동남아 시장에서 광주리에 담아 판매하는 카란다는 수확하면서 약간 덜 익은 선홍색 열매들이 종종 섞여 있는데, 검은 열매들 사이에 선홍색 열매들이 돋보이므로 카란다인 것을 쉽게 알 수 있답니다.

맛 껍질 부분에서 약간 떫은맛을 느낄 수 있고, 붉은 속살 부분은 달며, 작은 씨가 여러 개 있는데 뱉거나 같이 씹어 먹어도 됩니다. 포도를 씨째 먹는 사람도 있듯이요.

고르기 열매는 완전히 검고 약간 물렁물렁한 것이 후숙이 된 것으로 신맛과 떫은맛이 적어 먹을 수 있습니다. 선홍색인 것은 매우 떫고 시며, 검은 것이라도 딱딱한 것은 떫으므로 바로 먹을 수 없습니다. 구입하여 실온에 3~4일 두면 물렁물렁해지고 먹기에 적당해집니다.

껍질 벗기기 숙성이 덜 된 카란다를 칼로 쪼개면 속살에 흰 우윳빛 즙이 스며 나오는데 민들레 흰 즙이나 고무나무 흰 즙과 유사한 성분이고, 3~4일 후숙이 되면 흰 즙이 나오지 않습니다. 따라서 잘 숙성된 열매를 골라 물에 씻은 후 포도같이 먹으면 됩니다.

이용 및 가공 생과일로 먹거나 파이, 푸딩, 잼, 젤리, 와인, 시럽 등으로 가공해서 먹어요. 미성숙 열매는 절여서 먹기도 합니다. 품종에 따라서는 신맛이 강한 것도 있는데 이런 것들은 설탕 또는 소금에 절여 먹거나 추출물을 만들어 주스로 이용하기도 한답니다. 인도에서는 신맛과 향이 강한 품종의 열매를 말려서 가루로 만든 후 카레나 기타 음식에 향신료로 첨가한답니다.

▶ 열매 세로단면

▲ 나무에 달린 익은 열매와 덜 익은 열매

▶ 열매 세로단면

과일박사의 생생정보

아름답고 향기로워 정원수로 사랑 받는 카란다

카란다는 인도, 미얀마, 스리랑카 및 말라카해협 등 동남아시아와 서아시아의 경계지역에 자생하는 아담한 식물입니다. 수형이 아름답고 꽃에 좋은 향기가 있어서 이들 지역에서는 정원수나 울타리용 식물로 널리 심는답니다. 그러니 관상용, 식용 등 다목적으로 이용되는 매우 활용도가 높은 식물이지요.

▲ 꽃과 어린 열매

열량(100g당) ＊75kcal

영양성분(100g당) ＊탄수화물 7.9~12.5g, 지방 2.6~4.6g, 단백질 0.4~0.7g, 식이섬유 0.6~1.8g, 재 0.7~0.8g, 물 83.17~83.24g

카카오 Cacao

과일박사의 맛점수

8.0~8.6
흰 속살

7.4
음료

학명
Theobroma cacao L.
(아욱과)

지역명
영카카오(cacao), 캄카카우,
인콕라트, 말포콕콕라트,
미코코, 태코코, 베카이카카오

기원지
멕시코 남부, 아마존강
상류지역

재배지
아이보리코스트, 가나,
나이지리아, 일부 열대아시아

유통시기
연중(카카오 과육 9~2월/
5~6월)

모양 우리들이 사랑하는 초콜릿과 코코아 음료의 재료인 카카오 열매 이야기입니다. 카카오 또는 코코아 하면 초콜릿빛 짙은 가루만 연상되고 도무지 열매는 잘 떠오르지 않죠? 작은 럭비공 모양으로 길쭉한 타원형인 코코아 열매는 그 자체로는 유통되지 않기 때문인데요. 그 안에 들어있는 씨를 말려 볶은 후 가루로 만든 것이 우리가 흔히 아는 코코아 가루에요. 이번 기회에 코코아 열매도 구경하고 그 속도 한번 볼까요? 열매 길이는 10~30cm 정도인데 완전히 익으면 껍질이 쉽게 벌어집니다. 안에는 20~60개의 씨가 흰 속살에 파묻혀 촘촘히 쌓여 있답니다. 이 씨를 4~7일간 발효시키면 갈색 혹은 붉은색으로 변해요. 그것을 세척하여 태양이나 인공건조기를 이용해 바싹 건조시키고 포장한 후 유통하는 거죠. 이것을 수입한 각 나라에서 다시 씻어 말리고 볶으면서 색, 향, 맛이 조금씩 달라지고요.

맛 카카오 열매를 열어서 종자를 감싸는 흰 속살 부분을 그대로 먹을 수 있는데 아이스크림 같은 질감에 맛은 매우 달콤합니다. 먹는 부위가 적은 것이 흠이라면 흠이지만 맛은 정말 일품입니다.

이용 및 가공 카카오에는 35~50%의 지방이 들어 있는데 이것이 초콜릿 원료가 되고, 나머지 성분은 가루로 만들어져 코코아 분말로 유통되면서 음료, 제과, 제빵에 이용되지요. 생산된 코코아 씨의 50%가 초콜릿 제조에 사용됩니다. 코코아 가루에 가루우유와 설탕을 넣고 반죽해서 식혀내면 밀크초콜릿이 되는 셈이죠. 카카오 열매는 초콜릿, 코코아 가루 외에 코코아 버터로도 이용된답니다. 코코아 버터는 담배, 비누, 화장품 등의 원료가 되고, 밀크셰이크, 젤리, 디저트, 주스, 마멀레이드 등 우리가 좋아하는 간식을 만들 때 사용돼요. 카카오 즙을 발효시켜 술이나 식초를 만들 수도 있지요. 우리 동네 슈퍼마켓 진열대에 있는 초콜릿, 코코아 가루가 뜨거운 열대지방에 매달린 코코아 열매에서 시작된 것이라니 참 새삼스럽죠? 이제는 열대지방을 여행하실 때 코코아 열매나 한창 건조되고 있는 코코아 씨도 눈에 들어오게 될 거에요.

▲ 나무에 달린 열매(인도네시아)

▶ 나무에 달린 어린 열매

▲ 열매 가로단면

▲ 꽃

▲ 열매 세로단면

열량(100g당) ＊ 씨 456kcal, 코코아 가루 228kcal

영양성분(100g당) ＊
• 씨 탄수화물 34.7g, 지방 46.3g, 단백질 12.0g,
  식이섬유 8.6g, 재 3.4g, 물 3.6g
• 코코아 가루 탄수화물 57.9g, 지방 13.7g,
  단백질 19.6g, 식이섬유 33.2g, 재 5.8g, 물 3.0g

캐슈 Cashew

학명
Anacardium occidentale
L. (옻나무과)

지역명
영캐슈(cashew), 인도카주/
민디리, 캄사비찬디,
인, 말잠부모넷/잠부매대,
미티오타엣, 필카소이/
바루바드/바로그,
태마무앙/마무앙랫도/아루앙,
베다오롱홋/캐이다우,
중야오귀(腰果), 포르카주/
카주에로, 스페아나칼도

재배지
인도, 모잠비크, 탄자니아,
케냐, 브라질

유통시기
연중

모양 캐슈넛은 여러분이 술안주나 간식거리로 즐겨 드시는 콩팥 모양의 볶은 견과류인데, 이것이 사실은 캐슈사과라는 과일에 달린 씨앗이라는 걸 아는 분은 많지 않을 것 같아요. 캐슈넛이 익어감에 따라 캐슈사과는 어른 주먹만큼이나 커지면서 사과같이 노란색, 붉은색으로 윤기가 나고요.

맛 캐슈사과 안에 들어 있는 속살은 즙이 많고 스펀지 같으면서 떨떠름한 신맛이 납니다.

이용 및 가공 브라질에서는 캐슈사과를 짜서 주스로 만듭니다. 남미에서는 캐슈넛보다 캐슈사과를 더 널리 이용합니다. 이 주스를 '카이피리나주스'라 부르는데 항산화제가 풍부합니다. 그러나 캐슈사과는 타닌 함량이 많아 떫은맛이 강한 편이므로 주스로 만들기 위해서는 타닌 제거과정을 거쳐야 하죠. 또한 펙틴 함량이 많아 잼으로 만들기도 해요. 주스를 발효시켜 와인이나 식초로 제조하기도 합니다. 주스는 칼슘, 인, 철, 비타민C(오렌지의 5배) 등이 풍부하고 단백질과 끈적한 성분이 많고 보습효과가 뛰어나서 화장품 등 미용재료로도 널리 이용하고 있답니다. 또한 캐슈사과를 설탕과 함께 갈아서 살짝 얼려 빙수 형태로 판매하는데 더운 여름에는 제맛이더라고요. 이밖에 캐슈사과는 스무디, 발효주 등을 만드는 데 쓰입니다. 캐슈사과의 떫은맛은 껍질 쪽에 있는 우루시놀이라는 성분 때문인데 망고 껍질에 있는 것과 같은 물질이며, 가끔 알레르기의 원인이 되기도 하지만 우르시놀 제거과정을 거치면 문제 없답니다. 캐슈넛은 껍질을 벗겨내면 나오는 흰색 씨인데 이것을 볶으면 갈색의 고소한 맛이 나는 좋은 먹거리가 됩니다. 소금을 가미해 먹기도 하지요. 캐슈넛은 필수아미노산을 함유하며, 단백질 함량이 18~20%로 매우 높은 편이고 지방 함량도 높아 43~46%에 이릅니다. 기름을 짜서 식용할 정도지요. 가루를 내어 제빵, 제과, 카레, 버터, 각종 요리, 아이스크림 첨가제로도 활용합니다. 이렇게 과일에서부터 씨까지 모두 활용할 수 있는 참 신통한 식물이라고 말하고 싶네요.

▲ 시장에서 파는 캐슈사과(브라질)

▲ 시장에서 파는 캐슈사과(브라질)

▲ 나무에 달린 열매

▲ 나무에서 익어가는 열매

▲ 시장에서 파는 캐슈넛

열량(100g당) ＊ 캐슈사과 53kcal, 캐슈넛 533kcal

영양성분(100g당) ＊ 탄수화물 30.2g, 지방 43.9g,
단백질 8.2g, 식이섬유 3.3g, 재 2.5g, 물 5.2g,
칼슘, 철, 망간, 인

커피 Coffee

과일박사의 맛점수

4.0~8.0

학명
Coffea arabica L.
(꼭두서니과)

지역명
영아라비카커피(arabica coffee)/제너럴커피(general coffee), 라, 캄, 베, 필, 태카페, 인, 말코피, 미카피, 중지아지카페(小粒咖啡)

기원지
북동아프리카 에티오피아 남서부, 수단 남동부, 케냐 북부 산악지대

재배지
아시아, 아프리카, 아메리카의 열대 및 아열대 지역 고산지대. 브라질, 베트남, 콜롬비아, 인도네시아 순으로 생산량이 많고(4개국이 63%를 생산), 다음은 멕시코, 인도, 에티오피아, 과테말라, 페루의 순

수확시기
남·북위 10도 이내의 고산지대는 연중, 남·북위 16~24도 범위의 아열대 중산간지대는 1년 중 기온이 가장 낮은 시기, 브라질 3~10월, 멕시코 11~1월(고지대)/ 8~9월(저지대)

열대과일
100가지
맛여행
커피

모양 커피 씨를 흔히 커피 빈(콩)이라고 부르는데 엄밀하게 말하면 커피 열매는 콩이 아니고 커피 베리라고 해야 맞습니다. 왜냐하면 커피는 육질의 열매 안에 2개의 씨가 들어 있기 때문이죠. 붉은 껍질을 벗기면 2개의 반쪽으로 납작한 둥근 씨가 나오고, 이 씨를 말리면 얇은 씨 껍질이 쉽게 분리되며 씨(식물학적으로는 배와 배젖)만 남는데 이것을 적당하게 볶으면 원두가 완성됩니다. 이 원두를 가루로 만들어 내려 마시는 것이 우리가 즐기는 커피에요. 커피를 대량 재배하는 농장에서는 익은 열매를 수확해 씨를 분리하고, 씨 껍질을 제거하여 자루에 담아 상인들에게 판매합니다.

맛 커피의 구수한 맛은 볶는 과정에서 대부분 형성됩니다.

고르기 커피는 3종이 상업화되었는데 아라비카 커피(*Coffea arabica*)가 세계 유통시장의 80%를 차지하고, 로부스타 커피(*C. canephora*)가 19%, 라이베리아 커피(*C. liberica*)가 1% 정도입니다. 그러니 우리가 마시는 커피 대부분은 아라비카 커피이고, 로부스타 커피는 주로 브랜드용으로 첨가되는 정도지요. 우리나라의 경우 베트남산 커피를 가장 많이 수입하고, 브라질, 콜롬비아, 자메이카 등에서 수입하는 양은 극히 제한적이니 구입할 때 꼭 참고해야 합니다.

▲ 햇볕에 커피 씨를 말리고 있다.

▲ 나무에 달린 열매(미국 하와이)

▶ 잘 익은 열매

▲ 건조한 씨

▲ 꽃

열량(한잔 240ml당) ＊2.4kcal

영양성분(한잔 240ml당) ＊탄수화물 0.0g,
지방 2.4mg, 단백질 0.3g, 식이섬유 0.4~1.2g,
재 0.8g, 카페인 94.8mg

▲ 포대에 수확한 열매

▲ 열매 세로단면과 씨

이용 및 가공 씨를 볶아서 마시는 기호식품으로 가장 널리 이용됩니다. 과육은 비누를 만들거나 가축먹이 및 비료로 이용되고 있지요. 제가 먹어본 커피 제품 가운데 특이했던 것은 커피 씨를 볶아서 초콜릿을 입힌 페루 특산품입니다. 씹으면 초콜릿의 진한 풍미와 커피의 고소한 맛이 어울려 환상적인 조화를 이루더라고요. 페루 리마 공항에 들르면 꼭 한번 드셔 보세요.

과일박사의 생생정보

농장에서 직접 체험해요!
하와이나 남미의 커피 수확시기에 커피 농장을 방문해 보세요. 열매를 수확하여 껍질을 제거하고 가공하는 전 과정을 직접 볼 수 있답니다. 농장에서 커피 원두를 바로 구입할 수도 있고요. 농장을 둘러보는 재미가 무척 쏠쏠합니다.

▲ 껍질을 벗기는 과정(미국 하와이)

열대과일
100가지
맛여행
커피

세상에서 가장 비싼 커피

커피 열매를 사향고양이나 코끼리 같은 동물에게 먹이면 소화기관을 거치면서 육질부분은 소화되고 소화가 되지 않는 씨는 배설물로 나오게 되죠. 이 배설물에서 수거한 커피 씨를 루왁커피 또는 코끼리커피로 부르는데 고가로 거래되곤 합니다. 동남아시아의 생산지에서 현지인들에게 물어보니 대부분 가짜라고 하네요. 비싼 값을 치러야 하는 만큼 구입할 땐 신중해야겠네요.

아프리카에서 세계로… 커피의 역사

커피는 에티오피아 및 수단의 산악지역이 원산지로 이 지역사람들에 의해 커피 마시는 풍습이 시작되었어요. 14세기 이전, 이미 커피 씨는 아라비아반도에 위치한 예멘의 모카지역으로 전파되어 재배되었어요. 그후 교황 클레멘트 8세(1592~1616)가 커피를 크리스천 음료로 지정하면서 커피 마시는 풍습이 보편화되기 시작했고, 16~17세기에 걸쳐 유럽 전역으로 커피 마시는 풍습이 확산되었어요. 그러나 1650년까지는 아랍 상인들이 모카에서 생산한 커피의 무역을 독점하는 바람에 매우 비싸게 거래되었고요. 모카커피는 유럽에 널리 알려졌지만 주로 상류층만 애용했답니다. 이에 1650년경 네덜란드 상인들이 모카에서 커피 씨를 받아 그들의 식민지인 동남아시아에 커피농장을 개발하기 시작했고, 프랑스도 남미의 프렌치기니아에서 커피를 재배하면서 브라질 등 신대륙으로 커피재배가 확산되었답니다. 이들 열대지역에서 생산된 값싼 커피가 유럽으로 수출되어 커피가 대중적인 음료로 자리잡게 된 것이지요.

▲ 열매 수확하는 모습

원두 제작 과정 한눈에 보기!

▲ 껍질을 제거하기 위해 후숙시키는 열매

▲ 열매 껍질을 제거한 씨

▲ 씨를 말리는 과정

▲ 씨 껍질을 제거하기 전 말린 씨

▲ 씨 껍질을 제거한 볶기 직전의 씨

코코넛 Coconut Palm

과일박사의 맛점수

6.4~6.8
코코넛 물

6.0
코코넛 미트

학명
Cocos nucifera L.
(야자나무과)

지역명
영코코넛팜(coconut palm),
인, 말캐라파, 미막운, 필니오그,
태마프라우, 베듀아

재배지
남·북위 26도 이내의
바닷가 인접 지역(필리핀,
인도네시아, 인도 3개국
생산량이 80% 이상됨)

유통시기
연중

모양 둥그렇게 생긴 지름 15~25cm 크기의 코코넛은 두꺼운 겉껍질로 싸여 있습니다. 우리가 보통 코코넛을 먹는다고 할 때는 두 가지, 그러니까 코코넛 물과 코코넛 미트(coconut meat)라고 하는 하얀 젤리층을 말합니다. 복숭아로 말하자면 두 가지 모두 딱딱한 씨껍질 안의 씨에 들어 있는 것이랍니다.

맛 코코넛 물은 거의 성숙한 코코넛 끝부분을 칼로 자른 후 빨대를 꽂아 마십니다. 열매 안에 그득하게 차 있던 물은 약간 신맛이 돌면서도 달콤한 맛이 납니다. 코코넛 고유의 향과 함께 미네랄이 풍부해서 웬만한 스포츠 음료는 저리 가라 할 정도니 열대 지방에선 정말 보배 같은 존재겠죠? 차게 해서 마시면 더욱 청량감이 느껴지지요. 그리고 코코넛은 쪼개어 안에 있는 하얀색 젤리 같은 코코넛 미트를 숟가락으로 파먹습니다. 코코넛 미트는 어린 열매가 제맛이에요. 여기엔 불포화지방산이 많고 콜레스테롤 함량이 높아 고혈압인 사람은 많이 먹으면 안 됩니다.

이용 및 가공 코코넛은 열대지방에서 버릴 것이 없는 유용한 과일이랍니다. 다양한 쓰임새만 보더라도 알 수 있습니다. 껍질에서부터 속까지, 먹고 마시고 여러 가지 생활용품으로 쓰는 데다가 그 나무의 줄기, 잎까지도 두루두루 활용할 수 있으니 참 알차고도 기특한 식물이지요. 코코넛 물은 주스, 드링크제, 농축 시럽, 술, 구강세정제, 지사제 등으로 다양하게 이용됩니다.

▲ 시장에서 파는 코코넛 미트

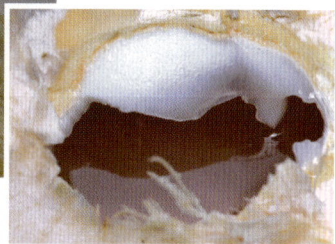

▲ 코코넛 미트와 물

▲ 시장에서 파는 열매(태국)

▶ 열매 끝을 잘라서 파는 코코넛 주스

▲ 나무에 달린 녹색 품종 열매

▲ 나무에 달린 노란색 품종 열매

▲ 도깨비 모양의 코코넛 허스크

◀ 열매 세로단면

열량(100g당) * 코코넛 미트 354kcal, 코코넛 물 19kcal

영양성분 *
• **코코넛 미트(100g당)** 탄수화물 15.2g, 지방 33.5g(포화지방산 29.7g), 단백질 3.3g, 식이섬유 9.0g
• **코코넛 물(100ml당)** 탄수화물 3.7g, 지방 0.2g, 단백질 0.7g, 식이섬유 1.1g

쿠미니자두 *Jambolan*

과일박사의 맛점수

6.2~6.8

학명
Syzygium cumini (L.)
Skeels (도금양과)

지역명
영잼보란(jambolan)/
자바플럼(java plum)/
블랙플럼(black plum)/
인디언블랙베리(indian
blackberry), 인도자만/잠부/
잠불, 인great도부랑/두웨트,
말잠불/잠불란, 미타방훔퓨,
캄프링바이, 라바, 태마화/와/
학히패, 필듀하트/롬보이,
베보이룽/트람목

기원지
인도, 미얀마

재배지
인도, 스리랑카, 미얀마,
말레이시아, 인도네시아,
필리핀, 미국 남부·하와이,
카리브해 연안, 중남미

유통시기
필리핀 5~6월, 인도네시아
자바 11~12월, 스리랑카
11~12월, 인도 5~7월/10월

모양 과일은 검붉은색으로, 표면이 매끄럽고 길이 1.5~5cm 정도의 원통 모양인데 과일 끝에 작고 둥그런 구멍이 있는 것이 특징입니다. 제가 본 쿠미니자두는 한 가지에 과일이 10~40개씩 탐스럽게 주렁주렁 달렸는데 '와, 많이도 열렸다!' 하는 느낌이었습니다. 어린 열매는 녹색인데 익으면서 점점 선홍색, 홍색, 검은색으로 변합니다. 완전히 검은색이 되면 수확해요. 보통은 나무 밑에 큰 비닐을 깔고 열매가 떨어지기를 기다려 열매를 주워 담는답니다. 껍질은 매우 얇고 속살은 약한 붉은빛이 도는 흰색이며, 가운데에 길고 큰 녹색 종자가 하나 있는 것이 특징입니다. 종자가 없는 개량 품종도 있다는데 저는 아직 보지 못했습니다.

맛 과일은 후숙이 잘 진행되어야 떫은맛이 없어져 먹을 수 있습니다. 제가 먹어본 쿠미니자두는 물이 많고, 약한 신맛과 단맛이 어우러져 물사과와 맛이 유사한데 떫은맛이 있어서 열매를 모두 삼키기가 어려웠습니다. 후숙이 안된 과일을 먹은 것 같습니다.

이용 및 가공 싱싱한 과일은 떫은맛이 강하여 소금이나 설탕에 절여서 유통하기도 한답니다. 따라서 대부분의 지역에서는 생과일로 먹기보다는 설탕을 첨가하여 잼, 젤리, 시럽, 주스, 셔벗, 스쿼시 등을 만듭니다. 필리핀에서는 열매를 발효시켜 와인을 만들며, 인도에서는 식초를 빚는데 색깔이 홍색이고 특유의 장미향이 있어서 비싼 값에 거래된답니다. 제가 말레이시아의 농촌에서 본 쿠미니자두 술은 우리나라 술인 '진도 홍주' 같은 선홍색이었는데 맛은 보지 못했습니다.

▲ 나무에 달린 익은 열매

▲ 열매 세로단면

▲ 나무에 달린 덜 익은 열매

열량(100g당) ＊60kcal

영양성분(100g당) ＊탄수화물 5.8g,
지방 0.1g, 단백질 0.7g, 식이섬유
0.3g, 재 0.7g, 물 82.7g

톡톡 터지는 상큼함

큰귤 Pummelo

과일박사의 맛점수

6.2~7.6

학명
Citrus maxima (Burm.)
Merr. (귤과)

지역명
영무멜로(pummelo)/
포멜로(pomelo)

기원지
말레이시아, 인도네시아

재배지
열대아시아, 열대아메리카,
열대아프리카

유통시기
6~11월

모양 열매가 제법 큰 편인데 큰 것은 사람 머리만큼이나 큰 것도 있답니다. 귤 종류 중에 가장 크지요. 껍질은 녹색빛이 도는 노란색이고, 동남아시아 시장에서 아주 흔하게 볼 수 있는 과일이에요.

맛 신맛은 별로 없고 단맛도 약한 편이지만 톡톡 터지면서 상큼하게 씹히는 맛이 있어 귤 특유의 식감을 즐길 수 있어요. 제가 맛본 경험으로 태국의 큰귤이 색깔도 붉고 맛도 뛰어나서 좋아요. 열대지방 여행 중에 휴대도 간편하고 물러지지도 않아 목마를 때 먹기에 안성맞춤이에요. 크게 태국 품종군, 중국 품종군, 인도네시아 품종군으로 구분하는데 주로 태국 품종의 과일이 자그마하면서도 맛이 좋은 편이고, 중국 품종군은 크지만 당도, 산도가 낮아요. 인도네시아 품종군은 다양하기 때문에 딱 이렇다 말하기가 어렵네요.

고르기 속이 흰 것은 맛이 별로이니 붉은 것을 추천합니다.

껍질 벗기기 껍질이 무척 두꺼워 손으로 벗겨내기는 어렵고 칼을 사용해서 벗기는데 속에 들어있는 붉으면서도 진한 갈색 빛의 알맹이를 발라내서 먹지요. 시장에서는 이렇게 발라 놓은 것을 팔기도 하고요.

이용 및 가공 큰귤은 오렌지, 자몽 등과 함께 쉽게 잡종을 만들 수 있어요. 큰귤은 생과일로 먹거나 주스, 아이스크림, 화장품, 비누, 향료를 제조할 때 이용합니다.

▲ 속이 흰 품종

▲ 속이 붉은 품종

▲ 시장에서 파는 열매(태국)

▶ 시장에서 껍질을 벗겨놓고 파는 열매(태국)

▲ 열매 세로단면

▲ 깨끗하게 껍질을 벗겨 알맹이만 발라낸 열매

▲ 나무에 달린 덜 익은 열매

열량(100g당) * 25~58kcal

영양성분(100g당) * 탄수화물 6.3~12.4g, 지방 0.2~0.6g, 단백질 0.5~0.7g, 식이섬유 0.3~0.8g, 재 0.5~0.9g, 물 85~94g, 비타민A·C, 칼슘, 인

큰꽃카란다 Natal Plum

과일박사의 맛점수

6.6~7.2

학명
Carissa macrocarpa
(Ecklon) A. de Candolle
(협죽도과)

지역명
영나탈플럼(natal plum),
우간다, 주루족아마퉁굴루,
아프리카노엠 노앰,
중다화지아후치(大花假虎刺)

기원지
남아프리카 나탈 및 주루
지방의 해안지역 반건조지

재배지
열대 및 아열대 지역

유통시기
열대지역 연중, 북반구
아열대지역 늦가을

모양 큰꽃카란다는 동남아시아 및 라틴아메리카의 과일 시장에서 가끔 볼 수 있습니다. 과일은 붉은색으로 표면에 흰 가루가 있고 끝이 뾰족하면서 아랫부분은 둥글게 생겼어요. 5개의 녹색 꽃받침이 남아있고, 전반적인 모양이 타원형 내지 짧은 원통형으로 길이 3~5cm 정도입니다. 영어로 나탈 플럼이라고 부르는데 남아프리카 나탈 지방이 원산지인 길쭉한 자두 같은 열매라는 뜻입니다. 그러나 과일을 잘라보면 자두 같이 딱딱한 큰 씨 한 개가 있는 것이 아니라 납작하고 작은 씨가 여러 개 있고, 속살에서 흰 즙이 나오는 것이 완전히 다릅니다.

맛 물에 씻어 과일 전체를 먹을 수 있는데 맛은 약간 시고 떫은맛과 단맛이 섞여 있습니다.

맛 숙성이 진행될수록 떫은맛과 신맛은 줄어들고 단맛이 증가하므로 후숙이 잘 진행된 열매를 골라서 사야 합니다. 덜 익었거나 바로 수확한 과일은 떫은맛이 있으므로 수확 후 3~4일 실온에 놓아두어 후숙이 충분히 진행된 후에 먹어야 합니다.

이용 및 가공 생과일로 섭취하는 것 이외에 씨를 제거하고 과일 칵테일이나 과일 샐러드로 먹을 수 있어요. 과일 케이크, 파이, 아이스크림으로도 만들어 먹고, 덜 익은 열매는 설탕이나 소금에 절여 먹거나 추출물을 만들어 주스로 즐기기도 하지요. 열매를 끓이면 유즙이 제거되어 다른 요리에 쉽게 적용할 수 있으므로, 설탕시럽과 끓여서 잼을 만들기도 하고 설탕에 절여 먹기도 합니다. 특히, 덜 성숙한 열매는 펙틴 성분이 많아 가열하여 잼이나 젤리 제조에 안성맞춤이죠. 인도에서는 신맛과 향이 강한 품종의 열매를 말려서 가루로 만든 후 카레나 기타 음식에 향신료로 첨가하기도 한답니다.

▶ 열매 세로단면

▲ 시장에서 파는 열매(브라질)

▶ 나무에 달린 열매

과일박사의 생생정보

울타리용 식물로 재배하면 좋아요!

큰꽃카란다는 작은키나무로 가지가 촘촘하게
갈라지고 줄기에 가시가 많아서 열대 및 아열대
지역에서는 울타리용 식물로 널리 재배합니다.
열매를 제외하고 이 식물의 모든 부위는 독성이
강해 해충 피해도 거의 없습니다. 따라서 크게
신경 쓰지 않아도 쉽게 재배할 수 있답니다.

▲ 나무에 달린 덜 익은 열매

▲ 꽃

열량(100g당) ＊68kcal

영양성분(100g당) ＊탄수화물 16.4g,
지방 0.9g, 단백질 0.4g, 식이섬유
0.8g, 재 0.4g, 물 82g

큰빵나무 Jackfruit

학명
Artocarpus heterophyllus
Lamarck (뽕나무과)

지역명
영잭푸루트(jackfruit),
캄크나올, 인, 말낭카, 라미즈닝,
미페이그나이, 필랑카,
태카논/마크미/바눈, 베미트

기원지
인도 서남단 가트(Ghats)
지역

재배지
인도, 스리랑카, 중남미,
열대아프리카, 필리핀, 태국

유통시기
열대지역 연중, 몬순이
뚜렷한 동남아시아 5~10월

모양 동남아시아나 인도 지역을 다니다 보면 시장에 큼지막한 녹색과 황갈색의 열매를 잔뜩 쌓아 놓고 판매하는 걸 보게 돼요. 형태는 달걀형이거나 타원형으로 길이 35~90cm, 지름 25~50cm, 무게 약 3~20kg 정도 되는 과일인데 아주 큰 것은 40kg까지 나간다고 해요. 어휴, 얼마나 클지 상상해 보세요. 아마 우리가 먹는 과일 중 가장 큰 것이 아닐까 싶네요. 어찌 보면 '큰 두리안인가?' 싶다가도 자세히 보면 두리안처럼 뾰족한 가시가 아니라 비교적 부드러운 돌기로 빽빽이 둘러싸여 생김새가 다르죠. 열매가 워낙 크고 무거우니까 다른 과일과 달리 잔 가지에 매달린 게 아니라 원 줄기에 떡하니 바로 달려 있더라고요. 익어가면서 황갈색으로 변하고 향이 나지요.

맛 달콤하면서 우유 맛도 납니다.

껍질 벗기기 긴 칼이 필요한데 긴 축을 따라 자르면 열매 가운데에 큰 축이 있어요. 이 축과 껍질 사이에는 흰색 광택이 나는 천 같은 섬유조직으로 연결되어 있는데 그 사이에 동그라면서도 각이 진 많은 수의 노란 알맹이가 촘촘이 박혀 있답니다. 가운데 중심축을 들어 올리면 알맹이들이 쉽게 떨어지는데 이것을 먹으면 됩니다. 그 안에 각각 들어있는 씨도 먹을 수 있어요. 시장에서 노란색 알맹이 부분만 따로 담아 팔기도 하지요.

이용 및 가공 생과일로 먹거나 주스로 이용하고 속살은 수프, 셰이크, 시럽, 샐러드 등을 만들어 먹을 수 있어요. 냉동고에 얼려서 보관하면 장기적으로 유통이 가능해요. 또한 말려서 과자, 칩으로 이용하기도 합니다. 인도 및 동남아시아에서는 덜 익은 열매를 각종 요리재료로 활용해요. 덜 익은 열매는 흰 광택이 나는 섬유질 부분도 요리재료로 쓰지요. 영양가가 풍부한 씨는 볶아서 견과류처럼 먹고, 구워먹거나 끓는 물에 익힌 후 약간의 기름에 튀겨서 먹기도 해요. 이 과일 역시 덜 익은 열매부터 익은 것까지 다 먹으니 큰빵나무라 불릴 만하지요?

▲ 시장에서 파는 열매(태국)

▶ 열매 가로단면

▲ 시장에서 파는 열매 속살

▲ 나무에 달린 열매

▲ 포장해서 파는 씨

열량(100g당) ＊94kcal

영양성분(100g당) ＊탄수화물 24.0g,
지방 0.3g, 단백질 1.5g, 식이섬유
1.6g, 재 0.6g, 물 82.8g

연어 속살처럼 부드러운

큰사포테 Mamey Sapote

6.8~7.2

학명
Pouteria sapota (Jacq.)
H. E. Moore & Stearn
(사포테과)

지역명
영마메이사포테(mamey sapote), 스페자포테그란데(zapote grande), 포르사포테, 이탈치코마마, 말, 필치고마메이, 베투룽가, 중우신거(牛心果)

기원지
멕시코 남부에서 니카라과에 이르는 중미 저지대

재배지
열대아메리카, 카리브해 연안, 미국 하와이·플로리다 남부, 필리핀, 인도네시아, 말레이시아, 베트남, 태국, 호주 북부

유통시기
적도 인근 열대지역 연중, 코스타리카 2~4월, 도미니카 6~7월/11~12월, 미국 플로리다 남부 3~8월, 태국·말레이시아·중국 하이난성 6~8월

모양 열대아메리카에서 널리 유통되고 열대아시아에서 소규모로 재배되어 가끔 시장에서 볼 수 있는 과일입니다. 사포테 종류 중 가장 크기 때문에 우리말 이름은 큰사포테가 되었네요. 사포딜라 열매와 비슷합니다. 하지만 크기가 훨씬 크고 겉껍질이 거친 점, 잘라보면 속살이 붉은색이란 점에서 차이가 있어요. 보통 무게는 200g 정도인데 큰 것은 2kg까지도 나가지요. 겉은 우둘투둘하고 갈색인데 속살은 선홍빛으로 마치 연어의 속살과도 같은 색입니다. 보기만 해도 탐스럽고 먹음직스러운 과일이에요.

맛 부드러우면서도 달고 고소한 맛이 나서 마치 아몬드와 호박을 섞어서 먹는 듯한 느낌이랍니다.

고르기 한 나무에 열매가 동시에 매달려 있어도 익은 정도가 다 달라서 충분히 익은 열매만 골라 따야 합니다. 우둘투둘한 겉껍질을 손톱으로 벗겨서 속 색깔에 녹색이 하나도 없이 붉은색이면 되지요. 잘 익은 과일은 표면에 우둘투둘한 것이 떨어져 좀 부드럽게 변한다는 점도 참고하면 좋아요.

이용 및 가공 생과일로 먹을 때 실온에서 4~5일 두었다가 후숙된 후에 먹으면 맛있게 즐길 수 있답니다. 보관은 섭씨 20도에서 6~13일 정도 가능해요. 아이스크림, 셔벗, 밀크셰이크, 팬케이크, 파이, 케이크, 잼 등의 제조에 이용된답니다.

▶ 열매 세로단면

▲ 시장에서 파는 열매(멕시코)

▲ 거친 열매 표면

▲ 나무에서 익어 벌어진 열매

▲ 나무에 달린 열매

열량(100g당) ＊114.5kcal

영양성분(100g당) ＊탄수화물 26.0~34.0g,
지방 0.1~0.6g, 단백질 1.0~2.1g, 식이섬유
1.0~3.2g, 재 0.9~1.3 g, 물 55.0~73.0g

큰시계초 Giant Granadilla

과일박사의 맛점수

8.2

학명
Passiflora quadrangularis
L. (시계초과)

지역명
영 자이언트그라나딜라(giant
granadilla),
스페 그라나딜야그란데,
콜롬, 베네바데아, 페루, 에콰텀보/
탐보, 필파롤라, 인, 말말키자,
태수콩타롯, 베두아관타이

기원지
열대아메리카

재배지
멕시코, 브라질, 페루,
말레이시아, 인도네시아,
인도, 스리랑카, 필리핀, 호주,
미국 하와이·플로리다 남부

유통시기
적도지역 연중, 베네수엘라
7~10월, 캄보디아 9~12월

모양 시계초는 꽃 모양이 시계 같다고 해서 붙여진 이름이고 큰시계초는 시계초보다 열매와 꽃이 모두 크다는 뜻이에요. 여러 면에서 시계초와 흡사하지요. 그러나 시계초 열매가 큰 달걀에서 주먹 정도 사이의 크기인데 비해 큰시계초 열매는 작은 수박 정도의 큰원통형 열매에요. 그러니 당연히 먹을 것도 많지요.

맛 시계초의 과일 속살은 질겨서 먹지 않고 내부의 씨 부분을 파서 먹지만, 큰시계초 열매는 속살과 씨 부분을 모두 먹을 수 있어요. 씨는 시계초와 같이 신맛이 나지만 정도가 약하고, 씨가 약간 크지만 시계초와 비슷하게 아삭아삭 씹히는 맛이 일품이에요. 더 좋은 것은 두꺼운 속살 부분! 껍질을 벗겨낸 속살은 흰색에서 연한 노란색인데 약간 달콤하면서 허니듀 맛이 나고요. 식감도 매우 부드러워요. 참외같이 껍질 쪽의 속살은 단단하고 맛이 별로이지만 안쪽 속살은 달콤하면서 약한 신맛이 배어서 맛이 일품입니다.

껍질 벗기기 과일을 길게 자르면 멜론이나 수박과 같은 내부를 볼 수 있답니다.

이용 및 가공 껍질만 제거하고 과일 전체를 먹을 수 있는데 두꺼운 흰색 과육 부분을 샐러드 또는 과일칵테일로 만들어 먹기도 하고, 그 외에 다양한 요리재료로 이용합니다. 씨껍질과 씨는 생과일로 먹는 것 외에 주스 제조에도 쓰입니다. 원액을 농축주스로 판매하고, 다른 과일주스와 배합하여 다양한 맛의 주스를 만들어요. 또한 디저트, 젤리, 잼, 과자 등도 만든답니다.

과일박사의 생생정보

구하기가 어려워요!
큰시계초의 한 가지 단점은 시장에서 쉽게 구할 수 있는 과일이 아니라는 점입니다. 동남아시아, 중남미 등에 널리 재배되지만 대량생산이 안 되는 것 같아 아쉬워요.

▲ 시장에서 파는 열매(브라질)

▲ 열매 세로단면

▲ 꽃

▲ 나무에 달린 덜 익은 열매

열량(100g당) * 90kcal

영양성분(100g당) * 탄수화물 21.2g,
지방 1.29g, 단백질 0.3g, 식이섬유
3.6g, 물 78.4g

타마린 Tamarind

과일박사의 맛점수
7.6

학명
Tamarindus indica L.
(콩과)

지역명
영타마린(tamarind)/
인디안타마린(indian
tamarind), 스페타마린도,
캄앰필, 인, 말마삼/아삼자바,
라마캄, 필삼파록, 태마캄,
베트라아매, 미타마린/마기빈,
방테툴, 인도임리/틴틴디/
텐투리, 파나임리, 스시암발라,
아랍타마린디

재배지
인도, 태국, 인도네시아,
미얀마, 필리핀, 코스타리카,
멕시코, 푸에르토리코,
브라질, 미국 플로리다

유통시기
북반구 늦봄~여름

모양 서양요리에 잘 쓰이는 타마린소스라고 들어보셨죠? 타마린은 보통 성숙한 것을 껍질째 망에 담아 일정한 무게로 파는데요. 동남아시아, 인도, 중동, 중남미 등지의 과일 시장에서 볼 수 있는 손가락 두께에 5~15cm 정도 된 약간 구부러진 모양의 회갈색에서 적갈색이 나는 콩깍지가 바로 타마린입니다.

맛 씨 부분을 감싸고 있는 적갈색 속은 매우 달고 새콤하며 약간 뜨거운 맛까지 느껴지니 꽤 특이한 맛이라 할 수 있죠. 레몬에다 엿을 섞은 맛이라고나 할까요? 말린 상태로 유통되니까 수분이 적고 열량은 높아 많이 먹지 않는 편이 좋지만, 식이섬유가 많이 들어 있어 배변활동에 도움을 주죠. 여러 종류의 비타민과 무기염류도 풍부하게 들어 있고요.

껍질 벗기기 껍질은 손가락으로 힘을 주면 바로 부서지고 그때 드러나는 속을 먹는데 선명한 적갈색인 것이 먹기에 좋아요. 이 속의 안팎에는 노란빛의 갈색 나뭇가지와 같은 잎맥이 있고, 이것은 먹을 수 없어 손으로 드러내야 하는데 쉽게 제거할 수 있어요.

이용 및 가공 덜 익은 열매는 속이 녹색이면서 매우 시고 떫고 독특한 맛을 내므로 조리를 해서 먹기도 하고 스프 등의 맛을 내는 원료로도 사용된답니다. 타마린 잼, 시럽, 과자, 주스로 가공된 제품도 팔고요. 가루로 만들어 인도나 동남아시아 요리에서 조미료로 활용되며, 특히 생선요리나 인도의 카레에 쓰입니다. 서양요리에서는 바비큐소스와 아이스크림 토핑용으로도 활용된다고 하네요.

▲ 타마린으로 수형을 만든 가로수(태국 방콕)

열대과일
100가지
맛여행
타마린

▲ 시장에서 파는 재배 열매(태국)

▲ 시장에서 파는 야생 열매

▲ 나무에 달린 열매

▲ 시장에서는 열매를 망에 담아 판다.

▲ 꽃

열량(100g당) ＊ 239kcal

영양성분(100g당) ＊ 탄수화물 41.1~61.4g,
지방 0.6g, 단백질 2.0~3.0g, 식이섬유 2.9g,
재 2.6g, 물 17.8~36.8g

털감나무 *Mabolo*

과일박사의 맛점수

6.8

학명
Diospyros blancoi A. DC.
(감나무과)

지역명
영마볼로(mabolo)/
벨벳애플(velvet apple)/
버터프루트(butter-fruit),
인, 말뷰아멘테가, 태마릿,
캄, 라, 베홍능, 필마보로/
카마공/타방

재배지
말레이시아, 인도네시아,
인도, 태국. 미국 플로리다
남부, 카리브해 인근

유통시기
인도 7~8월, 플로리다 6~7월,
필리핀·말레이시아 5~8월

모양 털감나무의 열매는 우리나라 단감과 크기와 모양이 비슷하고 초록색 꽃받침이 다소곳하게 붙어있는 모양도 같아요. 단감과는 달리 표면에 광택은 전혀 없고 오히려 털이 잔뜩 있어요. 마치 키위처럼요. 색깔도 불그스레한 암적색인 품종이 많지요.

맛 털이 있는 껍질에서는 곰팡이 낀 치즈 냄새 같은 좀 쿰쿰한 냄새가 나는데 껍질을 벗겨서 냉장고에 몇 시간 보관한 다음에 먹으면 괜찮아요. 처음에는 속이 흰색인데 후숙이 되면 노란색에서 연한 오렌지색으로 변하지요. 나무에서 다 익은 채로 따도 후숙이 안 된 열매는 단단하고 떫은맛이 남아 있어요. 마치 감처럼 7~9일 정도 지나면 후숙이 되어 단맛이 배가 됩니다. 계속 말씀드렸지만 모든 과일은 후숙이 되어야 더 맛있거든요. 후숙이 된 다음엔 물러지는데 이것도 감과 비슷하지요? 그렇다고 감과 같은 맛을 기대하시면 안돼요. 완전히 다른 맛이에요. 별로 달지 않고 풍미도 약한 편이지만 그런대로 먹을만한 과일입니다.

이용 및 가공 털감나무의 생과일은 비타민B, 칼슘을 많이 함유하고 있어서 생과일로 많이 먹어요. 라임과 레몬주스, 시럽과 함께 디저트로 이용하거나 다른 과일과 섞어 과일칵테일 또는 샐러드로 먹기도 해요. 햄, 소시지, 기타 육류와 같이 조리하기도 한답니다.

▲ 열매 가로단면

▲ 열매 세로단면

▲ 시장에서 파는 열매(인도네시아)

▶ 광주리에 담긴 열매

▲ 나무에 달린 열매

▲ 열매에 달린 꽃받침

▶ 열매 가로단면

열량(100g당) * 49kcal

영양성분(100g당) * 탄수화물 12.6g,
지방 0.3g, 단백질 0.6g, 식이섬유 1.6g,
재 1.1g, 물 79.46~83.1g

토마토 Tomato

과일박사의 맛점수
6.4~7.0

학명
Solanum lycopersicum L.
(가지과)

지역명
영토마토(tomato),
중판쿠이(蕃茄)

기원지
페루 안데스지방

재배지
전 세계의 열대~온대에
이르는 광범위한 지역

유통시기
온대지방 7~10월(노지
재배)/3~6월(온실 재배),
아열대 및 열대 지역 연중

모양 토마토를 모르는 독자는 없을 것입니다. 토마토는 크기, 색깔, 모양 등이 매우 다양하답니다. 크기로 보면 지름 1~2cm의 체리토마토에서 10cm 이상의 비프스테이크토마토까지 다양하지만, 보통은 5~6cm입니다. 열매의 색깔은 붉은색이 가장 흔하지만, 노란색, 오렌지색, 녹색, 흰색, 검은색 등도 있고 줄무늬가 있는 것도 있습니다. 모양도 원형, 편구형, 장타원형, 원통형 등 다양합니다. 맛, 향, 병해충 저항성, 건조 저항성, 내한성, 열매의 생산량 등, 각기 다른 다양한 품종이 개발되었으며, 주로 먹는 부위인 열매의 특징에 의하여 11개의 품종군으로 나뉘기도 한답니다.

이용 및 가공 토마토는 생과일로 먹거나 가공된 제품을 이용하는데 특히 토마토는 주스와 소스로 이용됩니다. 토마토를 이용한 요리 역사는 오래되지 않았으나 이제는 여러 요리에서 토마토소스 없이 조리가 불가능할 정도로 각 국가의 음식문화에 깊이 관련되어 있습니다. 또한 파이, 잼, 셔벗 등을 만들 때 다양하게 사용된답니다. 토마토는 항산화물질인 리코펜, 안토시아닌, 카로틴, 비타민C 등이 풍부해 심장질환, 전립선암, 유방암, 퇴행성 뇌질환, 피부노화 예방 등에 효과가 있는 것으로 알려져 있으니 맛있는 토마토 많이 드세요.

과일박사의 생생정보

유럽 음식문화에 변화를 가져온 토마토의 발자취
남미의 안데스지방을 여행하다 보면 시장에서 매우 다양한 토마토 종류가 유통되는 것을 볼 수 있는데, 이 지역이 토마토의 원산지이자 유전자원의 보고이기 때문입니다. 토마토라는 말은 아즈텍의 '토마틀'이라는 단어에서 기원했습니다. 스페인 탐험가 코테스(Cortés)가 멕시코에서 재배하던 작은토마토 씨를 유럽으로 가져가(1521년) 관상용으로 재배했고, 이후 17세기경부터 식용으로 이용하면서 이탈리아를 중심으로 토마토소스가 만들어졌습니다. 토마토는 유럽의 음식문화에 큰 변화를 준 식물입니다. 토마토의 세계 연간 생산량(2009 FAO 통계자료)은 14,140만 톤으로 중국, 미국, 인도, 터키, 이탈리아 순으로 많이 생산한답니다.

열대과일
100가지
맛여행

토마토

▲ 시장에서 파는 품종(브라질)

▲ 시장에서 파는 방울토마토 품종(태국)

▲ 가지에 달린 방울토마토 열매

▲ 시장에서 파는 노란색 품종

열량(100g당) * 18kcal

영양성분(100g당) * 탄수화물 3.9g, 지방 0.2g, 단백질 0.9g, 식이섬유 1.2g, 재 0.5g, 물 89.5g

파나마사과 Star Apple

과일박사의 맛점수

8.2

학명
Chrysophyllum cainito
L.(사포테과)

지역명
영스타애플(star apple),
골든리프(golden leaf),
스페카이미토/카이니토/
카이모, 포르카이니토,
필카이미토, 인사오카두/
사오해조, 말사오두랜,
라시노티베탄, 태사타아폰,
미닌타겨, 베부수에,
중치클듀리안

기원지
중미(멕시코에서
파나마) 및 카리브해
인근(푸에르토리코, 쿠바,
도미니카)

재배지
중남미, 미국
플로리다·하와이,
열대아프리카와 열대아시아
전역

유통시기
겨울~이른 여름, 동남아시아
2~5월

모양 동남아시아, 중남미, 카리브해 등지를 여행하면 마을 주변에서 볼 수 있습니다. 큰 상록수처럼 생긴 나무에 사과 모양의 열매가 주렁주렁 달려 있는 것이 있다면 파나마사과랍니다. 늘어진 가지에 달려있고, 잎의 뒷면은 황금색입니다. 시장이나 노점상에서 흔히 볼 수 있고 동남아시아 시장에서 12~5월 사이에 많이 보이죠. 열매 색이 짙은 보라색인 것과 녹색인 것, 두 가지 종류가 있는데 두 가지 모두 표면이 매끄럽고 반들거립니다. 주로 중남미와 카리브해 지방은 보라색 열매를, 동남아시아는 녹색 열매의 품종을 재배하지요. 캄보디아 앙코르와트 사원 주변에는 보라색 품종을 많이 판매하더라고요. 열매는 동그랗고 지름 5~10cm로 작은 사과 정도의 크기예요. 칼로 과일 윗부분을 가로로 잘라 그 단면을 보면, 씨를 담고 있는 부분 4~12개 정도가 희게 두드러져 보입니다. 별 모양이 뚜렷하게 보이기 때문에 스타애플(star apple)이라고 부르지요. 겉껍질은 짙은 보라색이거나 녹색이고 과실 안쪽으로 갈수록 흰색인데 이 부분을 먹어요.

맛 달콤하고 부드러운 식감이라 먹어 볼만한 과일이지요. 가운데에 씨를 담고 있는 흰 부분 속에는 각각 1개의 검은 씨가 감 씨처럼 박혀있는데 독성이 있으므로 먹지 않고 버립니다. 나무 전체와 열매에서 흰 즙이 분비됩니다. 열매가 덜 익은 경우는 즙액이 많이 분비되어 단단하고 떫어서 먹을 수 없습니다. 하지만 다 익으면 열매가 부드럽게 변하고 표면이 약간 쭈글거리면서 칼로 부드럽게 쪼개질 정도가 되고, 쓴맛이 없어집니다.

고르기 손가락으로 눌러보아 약간 들어가면서 탄력이 있으면 이때가 가장 향이 좋고 맛있을 때랍니다.

이용 및 가공 생과일로 먹거나 아이스크림, 셔벗, 잼을 만들어 판매하고 있어요.

▲ 시장에서 파는 녹색 품종(라오스)

▶ 보라색 품종 열매의 가로단면

▲ 가판대에서 파는 열매(라오스)

▲ 나무에 달린 녹색 품종 열매

열량(100g당) * 67.2kcal

영양성분(100g당) * 탄수화물 14.7g,
지방 0.0g, 단백질 0.7~2.3g, 식이섬유
0.6~3.3g, 재 0.4~0.7g, 물 78.4~85.7g

세계인의 사랑을 받는
파인애플 Pineapple

과일박사의 맛점수
7.8~8.4

학명
Ananas comosus (L.)
Merrill (파인애플과)

지역명
영파인애플(pineapple),
인, 말나나/네나스,
브라마바카시

재배지
필리핀, 태국, 코스타리카,
인도네시아, 브라질, 중국,
인도(순서대로 이들 7개국
생산량이 전체의 65% 차지),
나이지리아, 케냐, 콜롬비아,
코트디부아르, 베네수엘라,
베트남, 말레이시아, 미국,
남아프리카, 코스타리카

유통시기
적도 인근 열대지역 연중. 그
외의 지역 늦여름~늦가을

맛 파인애플은 전 세계인들의 사랑을 널리 받는 맛있는 과일이지요. 밝은 노란색의 달콤하면서도 향기로운 속살은 그저 눈으로 보거나 냄새만 맡아도 기분이 좋아질 정도입니다. 맛과 향이 그 어떤 과일도 따라오기 힘든데요. 사실 우리나라에서 흔히 접하는 파인애플은 자연적으로 익은 상태가 아니기 때문에 파인애플 본연의 맛을 느끼기에는 한계가 있죠. 약간 더 딱딱하기도 하구요. 열대지방 여행 중 나무에서 자연적으로 숙성한 파인애플을 맛보면 정말 환상적인 맛입니다. 씹히는 조직은 부드럽고 단맛은 어찌나 강한지, 또 그 향은 얼마나 감미로운지 과연 이 세상의 맛일까 싶을 정도로 매혹적이랍니다.

고르기 '스무스카이엔'이라는 품종이 가장 많이 유통되는데 1970년대에 하와이에서 개량된 품종이랍니다. 동남아시아의 시장에서는 잘 익은 파인애플을 포와 꽃 부분의 조직을 나선형으로 깎아내어 파는데 노란색이 진할수록 맛이 좋아요. 남미 시장에서는 주로 원추형으로 끝이 길쭉한 품종이 거래됩니다. 하와이에 갈 기회가 있다면 드넓은 파인애플 농장 투어를 추천합니다.

이용 및 가공 파인애플은 섭씨 10도 정도에서 유통되며 4~6주간 보관할 수 있어요. 또한 파인애플은 말산, 구연산이 풍부하고 소화 흡수가 빠르며 비타민 B1, B2, B6와 C 또한 풍부하죠. 특히 단백질 분해효소인 브로멜린이 있어 고단백 음식의 소화에 도움이 됩니다. 고기 잴 때, 그리고 먹고 난 후에도 후식으로 딱이겠죠? 칼로리도 비교적 낮습니다. 비타민이 가득해서 미용에도 좋답니다. 가공식품으로는 통조림, 주스, 건조과일, 잼, 젤리, 농축 시럽 등이 있습니다. 파인애플 술도 있다는데 어떤 맛일까 궁금하시죠? 저도 맛 본 적이 없어 다음 여행 때 꼭 한번 시도해 보고 싶어요.

열대과일
100가지
맛여행
파인애플

▲ 시장에서 파는 열매(미국 하와이)

▶ 잘 익은 열매

▲ 자라고 있는 열매

▲ 달콤한 향을 맡고 모여든 개미떼

열량(100g당) * 48kcal

영양성분(100g당) * 탄수화물 12.63g(당 9.26g),
지방 0.12g, 단백질 0.54g, 식이섬유 1.4g, 재
0.6g, 물 86g

파파야 Papaya

학명
Carica papaya L.
(파파야과)

지역명
영, 인, 말, 필, 라
파파야(papaya),
호파우파우, 캄이홍/라훙,
라호웅, 태텀바우, 필카파야,
태말라콜/마카이탯, 베두두,
브라마마오

기원지
멕시코, 과테말라 등 중미

재배지
인도, 브라질, 케냐,
인도네시아, 멕시코, 미국
하와이

유통시기
열대지역 연중, 고위도로
가면 여름~가을

맛 파파야라는 과일 이름은 많이 들어 보셨죠? 「그린파파야의 향기」라는 베트남 배경의 영화도 기억이 나네요. 파파야는 여러 종류로 변이가 많아서 딱 이런 맛이다 하고 말하기가 좀 어려워요. 어떤 것은 아무 맛이 안 나고 어떤 것은 아주 달고, 그래서 그저 잘 고르는 것이 중요하지요.

고르기 저는 마치 참외 고르듯 들고 냄새를 맡아보는 것을 추천해요. 색이 짙으면서 달콤한 향기가 나야 하고, 너무 단단하거나(덜 익은 것) 물렁한 것(너무 익은 것)도 안 되고요. 거기에 씨가 까만 색일수록 잘 익은 것이에요. 잘랐을 때 색은 노란색, 주황색, 오렌지색, 붉은색 등으로 다양하고요. 모양도 길쭉한 것에서 둥근 것까지, 크기도 0.5kg에서 10kg까지 종류가 참 많습니다.

이용 및 가공 파파야에는 파파인이라는 단백질 분해효소가 있어 고기를 잴 때나 먹고 난 후 소화시키는 데 좋아요. 다 익은 파파야는 섭씨 10도 정도에서 3주 정도 보관 가능합니다. 생과일로 먹거나 익지 않은 것은 채소로 요리해요. 샐러드, 주스, 잼, 캔디, 젤리, 건조과일로도 먹고, 씨는 말린 뒤 갈아 후추 대용으로 사용합니다. 어린 잎은 삶아서 채소로 먹어요.

과일박사의 생생정보

지역마다 다른 파파야 구별법
크기가 대체로 작고 겉은 노란색, 속은 오렌지색이나 붉은색이 나면서 서양배 모양인 것은 주로 하와이에서 개량되어 유통되는 품종인데 유전자변형 과일일 가능성이 있으니 고려하세요. 멕시코에서 개량한 품종은 더 크고 길쭉한 모양이고, 남미에서 개량한 품종은 크기는 작지만 부드럽고 맛과 풍미가 좋습니다.

▲ 시장에서 파는 작은 품종(브라질)

▶ 나무에 달린 열매

▲ 시장에서 파는 큰 품종

▲ 시장에서 채소용으로 파는 덜 익은 열매

▲ 열매 세로단면

▲ 덜 익은 열매 속

열량(100g당) ＊ 39kcal

영양성분(100g당) ＊ 탄수화물 9.8g,
지방 0.1g, 단백질 0.6g, 재 0.6g,
식이섬유 1.8g, 물 87g, 비타민A

페루꽈리 Cape Gooseberry

과일박사의 맛점수

7.8~8.6

학명
Physalis peruviana L.
(가지과)

지역명
영케이프구스베리(cape gooseberry),
페루아구아이만토, 칠레,
볼리카풀리, 에콰, 콜롬우빌라,
필로보로보한

재배지
중남미, 동남아시아,
아프리카, 인도

유통시기
남미 1~5월, 중미 7~9월,
아프리카 4~6월, 인도 1~3월

모양 우리나라 남부지역의 고구마 밭에서 잡초로 자라는 꽈리의 익은 열매를 본 적 있나요? 페루꽈리는 우리나라에서 볼 수 있는 꽈리와 유사한 식물이랍니다. 우리는 꽈리를 잡초로 취급하곤 하지만 칠레, 브라질, 코스타리카 등에서는 상업적으로 재배하며 시장에 대량 유통하는 과일입니다. 이들 지역 과일시장에서 조그맣고 노란 열매를 여러 개씩 묶어서 화려하게 진열해 놓은 것을 보면 '이게 뭐지?' 하고 눈이 가지요. 황금색으로 색깔도 곱고 견물·생심이랄까, 먹고 싶은 마음이 저절로 듭니다. 아마도 껍질을 뒤로 벗겨서 묶어 놓지 않았다면 이것이 꽈리 종류인지 알기 어려웠을 겁니다. 우리나라 꽈리보다는 알갱이가 훨씬 커서 지름이 2~3cm 정도 된답니다.

맛 크기가 한입에 쏙 들어가니 먹기에 적당합니다. 한입에 넣고 터트리면 입 안에 퍼지는 식감은 방울토마토와 비슷합니다. 토마토는 맛이 없고 특유의 풋내가 있지만, 페루꽈리는 시고 단맛이 있어서 톡 터지면서 입안에 퍼지는 청량감이 토마토에 비교할 바가 아니죠. 씨도 토마토보다 크기가 작아서 씹지 않아도 된답니다. 저는 달콤하면서 시큼한 이 맛을 잊지 못해요.

이용 및 가공 주로 생과일로 먹거나 샐러드, 젤리, 잼, 과즙, 통조림, 초콜릿 제조 등에 이용됩니다.

과일박사의 생생정보

페루의 특산품 아구아이만토 초콜릿

페루와 칠레에서는 페루꽈리에 초콜릿을 입힌 '아구아이만토 초콜릿'을 특산품으로 판매합니다. 초콜릿의 달고 떫은 맛과 페루꽈리의 달고 신 맛이 조화를 이루어 세상 어느 초콜릿에서도 맛볼 수 없는 독특한 향과 맛을 느낄 수 있습니다. 여름에 중남미를 여행할 기회가 있다면 꼭 한번 맛보세요. 실온에서는 10일, 냉장 보관하면 한달 정도까지도 보관이 가능하며 딸기같이 얼려 먹어도 아주 좋습니다.

▲ 시장에서 파는 열매(페루)

▶ 열매 세로단면

▲ 나무에 달린 덜 익은 열매

▲ 껍질째 파는 열매

열량(100g당) ∗ 53kcal

영양성분(100g당) ∗ 탄수화물 11.2g, 지방 0.7g,
단백질 1.9g, 식이섬유 0.1g, 재 0.6g, 물 85.4g

페타이콩 Petai

과일박사의 맛점수

6.8

학명
Parkia speciosa Hassk.
(콩과)

지역명
영페타이(petai)/
트위스티드클러스터빈
(twisted cluster
been)/비터빈(bitter
bean), 인페타이파판/페테,
말초우도우/니링/파타이/
페타이, 태사타우/사토/시톨/
토단/토카오

재배지
말레이반도, 인도차이나,
인도, 필리핀, 인도네시아,
아프리카, 아메리카

유통시기
10월/4월

모양 동남아시아를 여행하다 보면 시장이나 길가에서 상인들이 매우 기다란 초록색 콩을 껍질째 걸어놓고 파는 것을 흔히 볼 수 있는데, 이것이 바로 페타이콩입니다. 페타이콩은 풀이 아닌 큰 나무에 달리는데 콩꼬투리의 길이가 30cm 이상이나 되고 조금 뒤틀린 모양입니다. 껍질 속에 10개 이상 들어 있는 콩알이 도톰하게 두드러져 있죠.

맛 약간 쓴맛이 돌며 마늘의 풍미가 나면서 진한 향이 나는 페타이 날콩은 한번 먹어 볼만합니다. 이 맛에 길들여지면 계속 찾게 된다고 해요.

이용 및 가공 페타이콩은 껍질을 벗겨내고 날콩으로 샐러드를 만들어 먹거나 조리해서도 먹습니다. 아주 어린 콩은 껍질까지 조리해서 전체를 먹고 다 익은 콩은 날 것 외에 절여서도 먹습니다. 이렇게 다양하게 먹는 페타이콩은 실제로 동남아시아에서 많이 소비되는 유용한 식재료라 할 수 있지요. 또한 냉동시킨 페타이 콩알도 판매한답니다.

Wikimedia

▲ 페타이콩으로 만든 말레이시아 요리

▲ 시장에서 파는 열매(인도네시아)

▲ 잘 익은 콩

▲ 시장에서 파는 열매

열량(100g당) ＊ 118kcal

영양성분(100g당) ＊ 탄수화물 24.0g,
지방 35.7g, 단백질 29.4g, 식이섬유
1.6g, 재 1.3g, 물 10.8g

페피노 Pepino

과일박사의 맛점수

8.4

학명
Solanum muricatum Aiton
(가지과)

지역명
영페피노(pepino)/
멜론페어(melon pear),
스페페피노도루세(pepino dulce)

기원지
페루, 칠레 안데스 고원

재배지
중남미, 미국 남부, 뉴질랜드, 호주, 우리나라

유통시기
남미 1~5월, 아프리카 4~6월, 인도 2월

모양 남미, 특히 안데스 산맥을 포함하는 나라들을 여행하다 보면 시장이나 길가의 가판대에서 볼 수 있습니다. 페피노는 주먹보다 큰 노란색의 과일인데, 보라색 줄무늬가 있습니다. 크기는 큰 토마토 정도이고 보통 토마토 같이 납작하지 않고 약간 긴 편입니다. 토마토와 색깔은 다르지만 유사한 식물이랍니다. 페피노는 나무 열매가 아니고 토마토와 같은 초본성 식물이지만, 여러해살이고 꽃은 보라색 감자 꽃과 비슷한데 이들이 모두 같은 속에 있는 식물들이랍니다. 최근에는 우리나라 남부지역에서도 일부 농가들이 비닐하우스 내에서 소규모로 재배하므로 머지않아 쉽게 먹을 수 있는 과일이 될 것 같습니다.

맛 토마토가 특유의 풋내가 있다면 페피노는 약한 단맛에 오이 향 또는 멜론 향이 약간 있어요. 노르스름하고 두툼한 살 부분을 먹으면 달콤하면서도 은은한 멜론 향이 입안에 퍼져 추천하고 싶은 과일입니다. 품종에 따라서 약간 떫고 씨가 있는 것도 있지만, 요즘 개량된 품종들은 보통 단맛이 있고 씨가 없어서 먹기에 안성맞춤이죠.

껍질 벗기기 먹을 때는 칼로 이등분한 후 손톱으로 껍질을 벗기면 됩니다. 잘 익은 복숭아 껍질 벗겨지듯이 얇은 반투명질의 껍질이 보기 좋게 벗겨집니다.

이용 및 가공 주로 생과일로 먹거나 샐러드, 젤리, 잼, 과즙, 통조림, 초콜릿 제조 등으로 이용한답니다.

▶ 열매 세로단면

▲ 시장에서 파는 열매(페루)

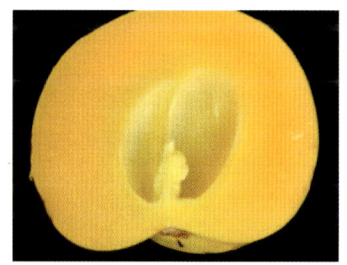

▲ 시장에서 파는 열매(브라질)

▲ 씨 없는 품종 열매의 세로단면

열량(100g당) ＊25kcal

영양성분(100g당) ＊탄수화물 5.9g,
지방 0.2g, 단백질 0.4g, 식이섬유
1.1g, 재 0.6g, 물 93.5g

피스타치오 Pistachio

과일박사의 맛점수

8.2

학명
Pistacia vera L. (옻나무과)

지역명
영피스타치오(pistachio)

재배지
이란, 미국 캘리포니아, 터키, 시리아, 중국, 동남아시아, 서아시아, 남미

유통시기
북반구 아열대 반건조지역 9월

모양 피스타치오는 아몬드, 버찌, 복숭아, 자두와 같은 종류로 안에 딱딱한 씨가 들어있는 열매입니다. 차이점은 딱딱한 복숭아 씨는 못 먹고 그냥 버리지만 아몬드나 피스타치오는 딱딱한 껍질을 깨고 안에 들어있는 작은 씨를 먹는다는 거예요.

맛 여러분도 술안주나 간식거리로 피스타치오 많이 좋아하시죠? 고소하면서 독특한 향이 있잖아요. 저도 텔레비전을 보면서 껍질째 볶은 짭짤한 피스타치오를 까먹다 보면 어느새 수북이 쌓인 흰 껍데기에 깜짝 놀라곤 합니다. 피스타치오는 열량과 지방이 많아서 많이 먹는 건 자제해야 하는데 한번 먹기 시작하면 멈추기가 쉽지 않으니 누가 옆에서 좀 말려줬으면 좋겠습니다.

껍질 벗기기 열매가 익어가면서, 복숭아로 말하자면 먹을 수 있는 살에 해당하는 부분은 마르고 벌어져서 떨어져나가고, 가운데 희고 딱딱한 부분만 남게 됩니다. 이것이 우리가 피스타치오 껍데기라고 부르는 거죠. 더 성숙해지면 마르면서 조금씩 길게 벌어지고 손으로도 쉽게 벌려지는데요. 그 안에 우리가 먹는 노르스름한 녹색 씨가 보여요.

이용 및 가공 껍질 사이로 녹색 씨가 보일 때쯤 열매를 껍질째 채취해서 충분히 더 말리고 볶는 과정을 거쳐 포장, 판매합니다. 가루 형태로 제빵, 제과, 아이스크림 등 각종 식품에 첨가해서 먹기도 해요.

Wikimedia

▲ 가게에서 막 볶은 너트를 꺼내고 있다.(이란)

▲ 껍질째 파는 너트(브라질)

▲ 껍질을 제거하고 파는 너트

▲ 나무에 달린 덜 익은 열매

열량(100g당) * 535kcal

영양성분(100g당) * 탄수화물 27.97g,
지방 44.44g, 단백질 20.61g, 식이섬유
10.3g, 재 3.02g, 물 3.97g

황피 Wampee

과일박사의 맛점수
8.0

학명
Clausena lansium (Lour.)
Skeels (귤과)

지역명
영왐피(wampee),
중후왕피궈, 인, 말왐피/왐포이,
베우완피, 태솜마파이

재배지
중국 남부, 베트남, 라오스,
태국, 미얀마, 인도,
스리랑카, 말레이시아,
인도네시아

유통시기
6~10월

모양 여름철 중국 남부지역을 여행하다 보면 흔히 보이는 과일인데요. 언뜻 보면 용안 작은 것과 비슷하지만 색이 더 고운 황갈색입니다. 자세히 보면 껍질이 용안에 비해 매끄럽고 짙은 갈색의 작은 점들이 많으며 잔털도 있어요. 잎과 가지가 달린 채로 팔기도 하지요.

맛 품종에 따라서 신맛은 약간의 차이가 있습니다. 대체로 달콤하고 신맛이 많이 나며 탱자 향이 약하게 배어있는 맛있는 과일이에요. 잘 익은 탱자 먹어본 적 있으세요? 그 맛에서 신맛이 단맛으로 변하고 향은 그대로라고 생각하면 됩니다. 귤, 탱자, 유자 등과 같은 귤과 식물이라 맛과 향은 그것들과 비슷하지만 씨가 큰 편이라 먹을 수 있는 부분이 적은 게 단점이지요. 그러나 일부 품종은 씨가 1개 밖에 없거나 아예 없는 종도 있어요. 여름에 중국 남부의 광둥성, 광시성, 푸젠성, 하이난성 지역을 여행할 기회가 있다면 꼭 한번 드셔보세요.

고르기 달콤한 탱자 향기가 짙게 나면서 황갈색이 선명해야 신선한 것이에요.

껍질 벗기기 껍질은 얇아서 손으로도 쉽게 벗겨지는데 벗겨보면 투명한 속알맹이가 나오고 그 안에 녹색의 씨가 1~4개 들어있는 것이 보이지요.

이용 및 가공 파이, 잼, 샴페인 제조 등에 이용된답니다.

▲ 털이 있는 열매

▲ 시장에서 파는 열매(중국 광둥성)

▲ 열매 세로단면

▲ 나무에 달린 열매

열량(100g당) ＊73kcal

영양성분(100g당) ＊탄수화물 18.0g,
지방 0.6g, 단백질 0.4g, 식이섬유 1.8g,
물 81.0g, 비타민A

참고문헌

김기중, 2011. 열대의 과일자원, pp. 1-667. 지오북, 서울.

Barwick, M., 2004. Tropical and subtropical trees, a worldwide encyclopedic guide, pp. 1-484. Thames and Hudson Ltd., London, U.K.

Boning, C. R., 2009. Florida's best fruiting plants, pp. 1-232. Pineapple Press, Inc., Sarasota, Florida, U.S.A.

De Guzman, C. C. & J.S . Siemonsma (Eds), 1999. Spices. Plant Resources of South-East Asia (PROSEA), No. 13. PROSEA, Bogor, Indonesia.

De Padua, L. S., N. Bunyapraphatsara & R.H.M.J. Lemmens (Eds), 1999. Medicinal and poisonous plants 1. Plant Resources of South-East Asia (PROSEA), No. 12(1). PROSEA, Bogor, Indonesia.

Glowinski, L., 2010. The complete book of fruit growing in Australia, pp. 1-382. Hachette Australia Pty Limited, Sydney, Australia.

Janick, J. and R. F. Paull (Eds.) 2008. The encyclopedia of fruit and nuts, pp. 1-954. The Cambridge University Press, Cambridge, U.K.

Jensen, M., 2005. Trees and fruit of Southeast Asia, pp. 1-234. Orchid Press, Bangkok, Thailand.

Lemmens, R. H. M. J. and N. Bunyapraphatsara (Eds), 2003. Medicinal and poisonous plants 3. Plant Resources of South-East Asia (PROSEA), No. 12(3). PROSEA, Bogor, Indonesia.

Lewis, W. H., 2003. Medical Botany, plants affecting human health, 2nd ed., pp. 1-812. John Wiley & Sons, Inc., Washington, D.C., New Jersey, USA.

Lorenzi, H., L. Bacher, M. Lacerda and S. Sartori, 2006. Brazilian fruit & cultivated exotics, pp. 1-640. Instituto Plantarum de Estudos da Flora Ltda., Avenida, Brasil.

Nakasone, H. Y. and R. E. Paul, 2010. Tropical fruit, pp. 1-445. CAB International, Oxfordshire, U.K.

Nathan, A. and W. Y. Chee. 2004. A guide to fruit and seeds, pp. 1-143. Singapore Science Center, Singapore.

National Research Council, 2008. Lost crops of Africa, Vol. III, fruits, pp. 1-354. The National Academies Press, Washington, D.C.. U.S.A.

Paul, R. E. and O. Durante, 2011. Tropical fruits, 2nd ed., Vol. 1, pp.1-400. CAB International, Oxfordshire, U.K.

Paul, R. E. and O. Durante, 2012. Tropical fruits, 2nd ed., Vol. 2, pp.1-371. CAB International, Oxfordshire, U.K.

Siemonsma, J. S. and K. Piluek (Eds), 1994. Vegetables. Plant Resources of South-East Asia (PROSEA), No. 8. PROSEA, Bogor, Indonesia.

Simpson, B. B., and M. C. Ororzaly, 2001. Economic Botany, the 3rd ed., pp. 1-527. McGraw-Hill, Boston, U.S.A.

Susser, A. 1997. The great citrus book, pp. 1-158. Ten Speed Press, Berkeley, California, U.S.A.

Susser, A. 2001. The great mango book, pp. 1-141. Ten Speed Press, Berkeley, California, U.S.A.

Tate, D., 2002. Tropical fruit, pp. 1-96. Archipelago Press, Singapore.

USDA National Nutrient Database for Standard Reference, Release 21, 2008, Food Group: 12, Nut and Seed Products. NDB No. 12058-12695.

Van Aken, N. and J. Harrisson, 1995. The great exotic fruit book, pp. 1-149. Ten Speed Press, Berkeley, California, U.S.A.

Van Valkenburg, J. L. C. H. and N. Bunyapraphatsara (Eds), 2002. Medicinal and poisonous plants 2. Plant Resources of South-East Asia (PROSEA), No. 12(2). PROSEA, Bogor, Indonesia.

Vaughan, J. G. and C. A. Geissler, 1999. The new Oxford book of food plants, pp. 1-239. Oxford University Press, Oxford, U.K.

Verheij, E. W. M. & R. E. Coronel (Eds), 1992. Edible fruit and nuts. Plant Resources of South-East Asia (PROSEA), No. 2. PROSEA, Bogor, Indonesia.

분류군별 찾아보기

한글명 찾아보기

 학명 찾아보기

*굵은 글자는 책에 소개된 대표과일 100가지입니다.

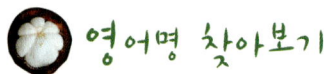 영어명 찾아보기

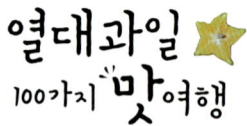

열대과일 100가지 맛여행

Tropical Fruits - Travel to 100 Different Tastes

초판 1쇄 인쇄	2013년 6월 20일
초판 1쇄 발행	2013년 6월 28일

지은이	김기중

펴낸곳	지오북(**GEO**BOOK)
펴낸이	황영심
편집	전유경, 김민정, 유지혜
표지디자인	rim association
본문디자인	rim association, 장영숙

주소	서울특별시 종로구 사직로8길 34, 오피스텔 1321호
	Tel_02-732-0337
	Fax_02-732-9337
	eMail_book@geobook.co.kr
	www.geobook.co.kr
	cafe.naver.com/geobookpub

출판등록번호	제300-2003-211
출판등록일	2003년 11월 27일

ISBN 978-89-94242-26-2 06480

이 도서의 국립중앙도서관 출판시도서목록(CIP)은 서지정보유통지원시스템 홈페이지
(http://seoji.nl.go.kr)와 국가자료공동목록시스템(http://www.nl.go.kr/kolisnet)에서
이용하실 수 있습니다.(CIP제어번호: CIP2013007830)